EXAMINATION QUESTIONS AND ANSWERS
OF AMERICAN MIDDLE SCHOOL STUDENTS
MATHEMATICAL CONTEST FROM THE
FIRST TO THE LATEST (VOLUME Ⅲ)

# 历届美国中学生
# 数学竞赛试题及解答

## 第3卷 兼谈布查特-莫斯特定理

### 1960～1964

刘培杰数学工作室 编

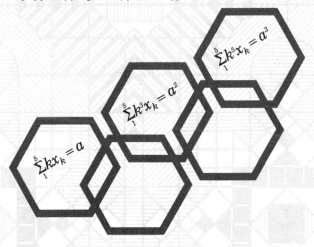

哈尔滨工业大学出版社

## 内容简介

美国中学生数学竞赛是全国性的智力竞技活动由大学教授出题,题目具有深厚背景,蕴涵丰富的数学思想,这些题目有益于中学生掌握数学思维,提高辨识数学思维模式的能力.本书面向高中师生,整理了 1960~1964 年美国历届中学生数学竞赛试题,并给出了巧妙的解答.

本书适合于中学生、中学教师及数学竞赛爱好者参考阅读.

### 图书在版编目(CIP)数据

历届美国中学生数学竞赛试题及解答.第 3 卷,兼谈布查特-莫斯特定理1960~1964/刘培杰数学工作室编.—哈尔滨:哈尔滨工业大学出版社,2014.6
ISBN 978-7-5603-4549-9

Ⅰ.①历… Ⅱ.①刘… Ⅲ.①中学数学课-题解 Ⅳ.①G634.605

中国版本图书馆 CIP 数据核字(2013)第 309927 号

| | |
|---|---|
| 策划编辑 | 刘培杰 张永芹 |
| 责任编辑 | 张永芹 钱辰琛 邵长玲 |
| 封面设计 | 孙茵艾 |
| 出版发行 | 哈尔滨工业大学出版社 |
| 社 址 | 哈尔滨市南岗区复华四道街 10 号 邮编 150006 |
| 传 真 | 0451-86414749 |
| 网 址 | http://hitpress.hit.edu.cn |
| 印 刷 | 哈尔滨市石桥印务有限公司 |
| 开 本 | 787mm×960mm 1/16 印张 10.25 字数 112 千字 |
| 版 次 | 2014 年 6 月第 1 版 2014 年 6 月第 1 次印刷 |
| 书 号 | ISBN 978-7-5603-4549-9 |
| 定 价 | 18.00 元 |

(如因印装质量问题影响阅读,我社负责调换)

# 目录

**第1章 1960年试题** //1
    1 第一部分 //1
    2 第二部分 //5
    3 第三部分 //7
    4 答案 //10
    5 1960年试题解答 //11

**第2章 1961年试题** //21
    1 第一部分 //21
    2 第二部分 //25
    3 第三部分 //27
    4 答案 //29
    5 1961年试题解答 //30

**第3章 1962年试题** //42
    1 第一部分 //42
    2 第二部分 //46
    3 第三部分 //48
    4 答案 //51
    5 1962年试题解答 //51

**第 4 章　1963 年试题**　//66

    1　第一部分　//66

    2　第二部分　//70

    3　第三部分　//73

    4　答案　//76

    5　1963 年试题解答　//77

**第 5 章　1964 年试题**　//98

    1　第一部分　//98

    2　第二部分　//102

    3　第三部分　//104

    4　答案　//107

    5　1964 年试题解答　//108

**附录　布查特 - 莫斯特定理—2011 年北大自主招生压轴题的推广**　//124

    0　引言　//124

    1　题目的解答　//125

    2　Chester Mc Mast 问题　//128

    3　J. H. Butchart, Leo Moser 问题　//129

    4　几个特例　//130

    5　定理 1 的推广　//132

    6　一个类似的问题　//136

    7　Butchart - Moser 定理与数学奥林匹克　//139

    8　一个集训队试题　//145

    9　结束语　148//

# 1960 年试题

## 第 1 章

### 1 第一部分

1. 若 2 是 $x^3 + hx + 10 = 0$ 的一个根（解），则 $h$ 等于（　　）.
   (A) 10　　(B) 9　　(C) 2
   (D) −2　　(E) −9

2. 一时钟在六点整时，敲打 6 下，需时 5 s，若每一次敲打分开时间均等，敲打 12 下时需要的秒数为（　　）.
   (A) $9\dfrac{1}{5}$　　(B) 10　　(C) 11
   (D) $14\dfrac{2}{5}$　　(E) 非上述的答案

3. 使用 \$10 000 的金额，减少 40% 的折扣与减少 36% 和 4% 的折扣间的差额为（　　）.
   (A) \$0　　(B) \$144　　(C) \$256
   (D) \$400　　(E) \$416

4. 一三角形的二角各为60°,所夹之边为4 cm,则此三角形的面积平方厘米数为(　　).

   (A)$8\sqrt{3}$　　(B)8　　(C)$4\sqrt{3}$　　(D)4

   (E)$2\sqrt{3}$

5. $x^2+y^2=9$ 与 $y^2=9$ 的图形间公有的相异点,共有(　　).

   (A)无穷多点　　　　(B)四点

   (C)二点　　　　　　(D)一点

   (E)无

6. 一圆的周长为100 cm,此圆的内接正方形的边长用 cm 表示,应为(　　).

   (A)$\dfrac{25\sqrt{2}}{\pi}$　　　　(B)$\dfrac{50\sqrt{2}}{\pi}$

   (C)$\dfrac{100}{\pi}$　　　　(D)$\dfrac{100\sqrt{2}}{\pi}$

   (E)$50\sqrt{2}$

7. 圆Ⅰ过圆Ⅱ之中心并相切,圆Ⅰ的面积为4 cm²,则圆Ⅱ的面积用 cm² 表示,应为(　　).

   (A)8　　(B)$8\sqrt{2}$　　(C)$8\sqrt{\pi}$　　(D)16

   (E)$16\sqrt{2}$

8. 数 2.525 252 5… 能写成一分数,当化简至最低项时此分数的分子与分母的和为(　　).

   (A)7　　(B)29　　(C)141　　(D)349

   (E)非上述的答案

9. 分式 $\dfrac{a^2+b^2-c^2+2ab}{a^2+c^2-b^2+2ac}$ 为(　　).(对于 $a,b$ 与 $c$ 的值作适当的限制时)

(A)不可约

(B)可约至 $-1$

(C)可约至具三项的一多项式

(D)可约至 $\dfrac{a-b+c}{a+b-c}$

(E)可约至 $\dfrac{a+b-c}{a-b+c}$

10. 已知下列六个命题:
   (1)所有女人都是善于驾驶的
   (2)某些女人是善于驾驶的
   (3)没有男人是善于驾驶的
   (4)所有男人都是不善于驾驶的
   (5)至少一男人是不善于驾驶的
   (6)所有男人都是善于驾驶的
   叙述(6)的对命题为(　　).
   (A)(1)　　(B)(2)　　(C)(3)　　(D)(4)
   (E)(5)

11. 对于已知值 $k$, 方程 $x^2-3kx+2k^2-1=0$ 的根的乘积是 7, 则诸根的特性呈现(　　).
   (A)整数性且正的
   (B)整数性与负的
   (C)有理的, 但不具有整数性
   (D)无理的
   (E)虚的

12. 半径为 $a$ 的所有圆经过一定点, 且在同一平面上, 则此等圆之圆心的轨迹为(　　).
   (A)一点　　(B)一直线　(C)两直线　(D)一圆
   (E)两圆

13. 由 $y=3x+2, y=-3x+2$ 与 $y=-2$ 形成的多边形是(　　).
   (A)一等边三角形　　　(B)一等腰三角形

(C)一直角三角形　　(D)一三角形及一梯形
(E)一四边形

14. 若 $a$ 与 $b$ 是实数,方程 $3x-5+a=bx+1$ 有唯一解 $x$ (　　).
   (A)对于所有 $a$ 与 $b$　　(B)若 $a\neq 2b$
   (C)若 $a\neq 6$　　(D)若 $b\neq 0$
   (E)若 $b\neq 3$

15. 甲三角形为等边,边长为 $A$,周长为 $P$,面积为 $K$,外接圆半径为 $R$;乙三角形亦为等边,边长为 $a$,周长为 $p$,面积为 $k$,外接圆半径为 $r$. 若 $A$ 异于 $a$,则(　　).
   (A)$P:p=R:r$ 仅有时成立
   (B)$P:p=R:r$ 常成立
   (C)$P:p=K:k$ 仅有时成立
   (D)$R:r=K:k$ 常成立
   (E)$R:r=K:k$ 仅有时成立

16. 在以 5 为底的计数系中,如计成:1,2,3,4,10,11,12,13,14,20,…,在 10 进制的计数系中的数 69 当以底 5 的计数系中时的数为(　　).
   (A)两连续数字　　(B)两不连续数字
   (C)三连续数字　　(D)三不连续数字
   (E)四数字

17. 公式 $N=8\cdot 10^8\cdot x^{-\frac{3}{2}}$ 表某固定团体中收入超过 $x$ 元的人数. 最富的 800 人最低收入至少为(　　).
   (A)$10^4$　(B)$10^6$　(C)$10^8$　(D)$10^{12}$
   (E)$10^{16}$

18. 一组方程 $3^{x+y}=81$,与 $81^{x-y}=3$,有(　　).
   (A)无公解　　(B)解 $x=2,y=2$
   (C)解 $x=2\frac{1}{2},y=1\frac{1}{2}$　(D)正与负整数的公解
   (E)非上述的答案

19. 设想方程 I：$x+y+z=46$，其中 $x,y$ 与 $z$ 均为正整数；方程 II：$x+y+z+w=46$，其中 $x,y,z$ 与 $w$ 是正整数；则( ).

   (A) I 可解成相连的整数
   (B) I 可解成相连的偶数
   (C) II 可解成相连的整数
   (D) II 可解成相连的偶数
   (E) II 可解成相连的奇数

20. 在 $(\frac{x^2}{2}-\frac{2}{x})^8$ 的展开式中 $x^7$ 的系数为( ).

   (A) 56   (B) $-56$   (C) 14   (D) $-14$
   (E) 0

# 2 第二部分

21. 已知正方形 I 的对角线长为 $a+b$，且正方形 II 的面积为正方形 I 的面积的 2 倍，则正方形 II 的周长为( ).

   (A) $(a+b)^2$          (B) $\sqrt{2}(a+b)^2$
   (C) $2(a+b)$           (D) $\sqrt{8}(a+b)$
   (E) $4(a+b)$

22. 若 $x=am+bn$ 满足方程 $(x+m)^2-(x+n)^2=(m-n)^2$，其中 $m$ 与 $n$ 为不相等且不为零的定数，那么( ).

   (A) $a=0,b$ 有非零的唯一值
   (B) $a=0,b$ 有两非零的值
   (C) $b=0,a$ 有非零的唯一值

(D) $b=0$, $a$ 有两非零的值

(E) $a$ 与 $b$ 各有非零的唯一值

23. 一圆柱盒的半径为 8 cm,高为 3 cm,体积 $V = \pi R^2 H$,当 $R$ 增加 $x$ cm 及 $H$ 增加 $x$ cm 时,体积均增加同一固定正量,那么满足此情况的(    ).

(A) $x$ 无实数值       (B) $x$ 是一整数值

(C) $x$ 是有理数但非整数值

(D) $x$ 是一无理数值    (E) $x$ 是两实数值

24. 若 $\log_{2x} 216 = x$,其中 $x$ 是实数,那么 $x$ 是(    ).

(A) 一非平方,非立方的整数

(B) 一非平方,非立方,非整数的有理数

(C) 一无理数

(D) 一完全平方

(E) 一完全立方

25. 设 $m$ 与 $n$ 为任意两奇数,且 $n$ 小于 $m$. 能除尽 $m^2 - n^2$ 型的所有可能数的最大整数是(    ).

(A) 2    (B) 4    (C) 6    (D) 8

(E) 16

26. 求 $\left|\dfrac{5-x}{3}\right| < 2$ 的解集合(    ).

(A) $1 < x < 11$       (B) $-1 < x < 11$

(C) $x < 11$    (D) $x > 11$    (E) $|x| < 6$

27. 设多边形 $P$ 的角度量和为 $S$,已知每一角度量为其同顶点外角的 $7\dfrac{1}{2}$ 倍,则(    ).

(A) $S = 2\,660°$ 且 $P$ 可能是正多边形

(B) $S = 2\,660°$ 且 $P$ 不是正多边形

(C) $S = 2\,700°$ 且 $P$ 是正多边形

(D) $S = 2\,700°$ 且 $P$ 不是正多边形

(E)$S=2\,700°$且$P$可能是正多边形亦可能不是正多边形

28. 方程$x-\dfrac{7}{x-3}=3-\dfrac{7}{x-3}$( ).

(A)有无穷多整数根 (B)无根
(C)有一整数根 (D)有两相等整数根
(E)有两相等非整数根

29. 五倍甲的钱并加上乙的钱时多于51元,三倍甲的钱并减去乙的钱是21元,若$a$表甲的钱,$b$表乙的钱,均以元作单位,则( ).

(A)$a>9, b>6$ (B)$a>9, b<6$
(C)$a>9, b=6$
(D)$a>9$,但无法给$b$定界限
(E)$2a=3b$

30. 已知直线$3x+5y=15$,及其上一点至坐标轴等距,如此的一点存在于( ).

(A)无一个象限 (B)只第Ⅰ象限
(C)只第Ⅰ,Ⅱ象限 (D)只第Ⅰ,Ⅱ,Ⅲ象限
(E)每一象限

## 3 第三部分

31. 如$x^2+2x+5$是$x^4+px^2+q$的一个因式,$p$与$q$的值应各为( ).

(A)$-2,5$ (B)$5,25$ (C)$10,20$ (D)$6,25$
(E)$14,25$

32. 在图中圆的中心是$O$,$AB\perp BC$,$ADOE$是一直线,

$AP=AD$,且 $AB$ 的长两倍于半径,则( ).

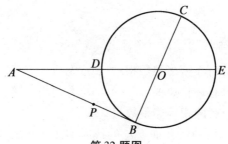

第32题图

(A)$AP^2=PB \cdot BA$　　(B)$AP \cdot DO=PB \cdot AD$

(C)$AB^2=AD \cdot DE$　　(D)$AB \cdot AD=OB \cdot AO$

(E)非上述的答案

33. 已知一序列有58项,每项具有 $p+n$ 之型,其中 $p$ 代表小于或等于61的所有质数 $2,3,5,\cdots,61$ 的积,而 $n$ 依次取 $2,3,4,\cdots,59$ 之值,设 $N$ 为此序列出现质数的数目时,则 $N$ 为( ).

(A)0　　(B)16　　(C)17　　(D)57

(E)58

34. 两游泳爱好者在长90 m的游泳池对边上,开始游,一人以每秒3 m,另一人以每秒2 m之速率进行,他们来回游12 min,若不计转方向时的时间,求他们互相闪过的次数( ).

(A)24　　(B)21　　(C)20　　(D)19

(E)18

35. 自圆外一点 $P$ 作切线其长为 $t$,又自 $P$ 引一割线分此圆成不等的两弧,其长各为 $m$ 与 $n$. 已知 $t$ 是 $m$ 与 $n$ 的比例中项,且圆周为10 单位,若 $m$ 与 $t$ 均为整数,则 $t$ 可有( ).

(A)零解 (B)一解 (C)二解 (D)三解
(E)无限解

36. 设$S_1,S_2,S_3$各表示同一等差级数,首项为$a$,公差为$d$的$n,2n,3n$项的和.
设$R=S_3-S_2-S_1$,则$R$与下列何者有关( ).
(A)$a$与$d$ (B)$d$与$n$ (C)$a$与$n$ (D)$a,d$与$n$
(E)与$a,d,n$均无关

37. 三角形的底边长为$b$,高为$h$,一矩形高为$x$内接于三角形,矩形的底在三角形的底上,则矩形的面积为( ).

(A)$\dfrac{bx}{h}(h-x)$ (B)$\dfrac{hx}{b}(b-x)$

(C)$\dfrac{bx}{h}(h-2x)$ (D)$x(b-x)$

(E)$x(h-x)$

38. 如图,等腰三角形$ABC$,$AB=AC$,内接一正三角形,以$a$表$\angle BFD$,$b$表$\angle ADE$,$c$表$\angle FEC$,则( ).

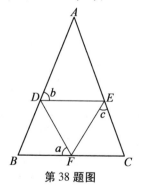

第38题图

(A)$b=\dfrac{a+c}{2}$ (B)$b=\dfrac{a-c}{2}$

(C) $a = \dfrac{b-c}{2}$          (D) $a = \dfrac{b+c}{2}$

(E)非上述的答案

39. 欲满足方程 $\dfrac{a+b}{a} = \dfrac{b}{a+b}$,则 $a$ 与 $b$ 必须(　　).

(A)同为有理数

(B)同为实数但不是有理数

(C)同时不为实数　　　(D)一实,一非实

(E)一实,一非实或同时不为实数

40. 已知直角三角形 $ABC$,两股 $BC=3$,$AC=4$.求三等分直角的平分线中较短者的长(自 $C$ 至斜边)(　　).

(A) $\dfrac{32\sqrt{3}-24}{13}$        (B) $\dfrac{12\sqrt{3}-9}{13}$

(C) $6\sqrt{3}-8$             (D) $\dfrac{5\sqrt{10}}{6}$

(E) $\dfrac{25}{12}$

## 4　答　案

1.(E)　2.(C)　3.(B)　4.(C)　5.(C)　6.(B)
7.(D)　8.(D)　9.(E)　10.(E)　11.(D)
12.(D)　13.(B)　14.(E)　15.(B)　16.(C)
17.(A)　18.(E)　19.(C)　20.(D)　21.(E)
22.(A)　23.(C)　24.(A)　25.(D)　26.(B)
27.(E)　28.(B)　29.(A)　30.(C)　31.(D)
32.(A)　33.(A)　34.(C)　35.(C)　36.(B)
37.(A)　38.(D)　39.(E)　40.(A)

## 5 1960 年试题解答

1. 由题意得
$$2^3 + h \cdot 2 + 10 = 0, h = -9$$
答案:(E).

2. 每敲打两下之间相隔时间为 1 s.(因敲 6 下,实际只有 5 个间隔,刚好费时 5 s)故敲 12 下,间隔为 11,故费时 11 s.
答案:(C).

3. 由题意得
$$10\,000 \times (1 - 40\%) = 6\,000$$
$$10\,000 \times (1 - 36\%) \times (1 - 4\%) = 6\,144$$
可见差额是 \$144.
答案:(B).

4. 是一边长 4 cm 的正三角形,故面积为 $\frac{\sqrt{3}}{4} \times 4^2 = 4\sqrt{3}$.
答案:(C).

5. $y^2 = 9, x^2 + y^2 = 9$,所以
$$\begin{cases} x = 0 \\ y = \pm 3 \end{cases}$$
两点为 $(0,3)$ 与 $(0,-3)$.
答案:(C).

6. $100 = 2\pi r$,所以 $2r = \dfrac{100}{\pi}$,设正方形之一边为 $s$
$$s = \frac{24}{\sqrt{2}} = \frac{100}{\pi\sqrt{2}} = \frac{50\sqrt{2}}{\pi}$$

答案:(B).

7. 设圆Ⅰ之半径为 $r$,圆Ⅱ之半径为 $R$,则 $\pi r^2 = 4$,但 $R = 2r$,所以 $\pi R^2 = 4\pi r^2 = 16$.
   答案:(D).

8. 设 $x = 2.525\ 252\ 5\cdots$,则
$$100x = 252.525\ 25\cdots$$
$$100x - x = 250$$
所以
$$x = \frac{250}{99}$$
$$250 + 99 = 349$$
答案:(D).

9. $\dfrac{(a+b)^2 - c^2}{(a+c)^2 - b^2} = \dfrac{(a+b+c)(a+b-c)}{(a+c+b)(a+c-b)} = \dfrac{a+b-c}{a+c-b}$
(但 $a+b+c \neq 0$).
答案:(E).

10. "所有男人都是善于驾驶的",这是不真,也就是说"至少一男人是不善于驾驶的".
    答案:(E).

11. $2k^2 - 1 = 7$,所以 $2k^2 = 8$,所以 $k = \pm 2$
$$x^2 \pm 6x + 7 = 0, x = \pm 3 \pm \sqrt{9-7} = \pm 3 \pm \sqrt{2}$$
根为 $+3 \pm \sqrt{2}$ 或 $-3 \pm \sqrt{2}$.
答案:(D).

12. 由 $(x-\alpha)^2 + (y-\beta)^2 = a^2$ 表一圆,圆心为 $(\alpha, \beta)$ 反过来想 $(\alpha-x)^2 + (\beta-y)^2 = a^2$,则表很多圆,圆心为 $(x,y)$,但过 $(\alpha,\beta)$ 可见此等圆心 $(x,y)$ 的轨迹是圆.
答案:(D).

第1章 1960年试题

13. 由方程定出三交点是：$A(0,2)$，$B(\frac{4}{3},-2)$，

$C(-\frac{4}{3},-2)$ 这三点连成一三角形，$AC=AB=\frac{4\sqrt{10}}{3}$，$BC=\frac{8}{3}$.

答案：(B).

14. $(3-b)x=6-a$，$3-b\neq 0$ 时，$x$ 有唯一解.

答案：(E).

15. 因正三角形皆相似，故

(A) $P:p=R:r$ 恒真；

(B) $P:p=R:r$ 恒真；

(C) $P:p=K:k$ 恒不真；（因 $P\neq p$，而 $P^2:p^2=K:k$ 则恒真）

(D) $R:r=K:k$ 恒不真；（因 $P\neq p$，而 $P^2:p^2=K:k$ 则恒真）

(E) 同(D).

答案：(B).

16. 由题意得

$$69\div 5=13\cdots\cdots 4$$
$$13\div 5=2\cdots\cdots 3$$

所以 $234_5=69_{10}$.

答案：(C).

17. $300=8\cdot 10^8\cdot x^{-\frac{3}{2}}$，所以 $x^{\frac{3}{2}}=10^6$，所以 $x=10^4$.

答案：(A).

18. $3^{x+y}=3^4$，$3^{4(x-y)}=3$，所以 $x+y=4$，$4(x-y)=1$，所以 $x=\frac{17}{8}$，$y=\frac{15}{8}$.

答案：(E).

19. 由(A)设 $x=y-1, z=y+1$,则 $3y=46$,可见 $y$ 非整数,故不合理;

由(B)设 $x=y-2, z=y+2$,则 $3y=46$,可见 $y$ 非整数,故不合理;

由(C)设 $y=x+1, z=x+2, w=x+3$.

则 $4x+6=46$,所以 $x=10, y=11, z=12, w=13$,故合理.

答案:(C).

20. $(\dfrac{x^2}{2}-\dfrac{2}{x})^8 = \dfrac{1}{(2x)^8}(x^3-4)^8$

$= \dfrac{1}{(2x)^8}[(x^3)^8+8(x^3)^7(-4)+$

$\dfrac{8\times 7}{1\times 2}(x^3)^6(-4)^2+$

$\dfrac{8\times 7\times 6}{1\times 2\times 3}(x^3)^5(-4)^3+\cdots]$

所需项 $\dfrac{1}{2^8\times x^8}\times \dfrac{8\times 7\times 6}{1\times 2\times 3}(x^3)^5(-4)^3$,系数为 $-14$.

答案:(D).

21. 正方形 I 的面积为

$$(\dfrac{a+b}{\sqrt{2}})^2 = \dfrac{1}{2}(a+b)^2$$

正方形 II 的面积为

$$2\times \dfrac{1}{2}(a+b)^2 = (a+b)^2$$

所以其周长为 $4(a+b)$.

答案:(E).

22. 由题意得

$$(x+m)^2-(x+n)^2=(m-n)^2$$

按 1959 年试题 38 题可知,以 $-n$ 代入,可得 $x=-n$,所以 $am+bn=-n$,因 $m,n$ 是定数,可见
$$a=0, b=-1$$

答案:(A).

23. 
$$V=\pi R^2 H$$
$$\pi(R+x)^2 H = \pi R^2(H+x)$$
$$R^2 H + 2RxH + x^2 H = R^2 H + R^2 x$$
$$2RxH + x^2 H = R^2 x, x \neq 0$$
$$2RH + xH = R^2, x = \frac{R^2 - 2RH}{H}$$

当 $R=8, H=3$ 时, $x=\frac{16}{3}$.

答案:(C).

24. 由题意得
$$\log_{2x} 216 = x$$
$$216 = (2x)^x$$
$$2^3 3^3 = (2x)^x$$
$$(2 \cdot 3)^3 = (2 \cdot x)^x$$

可见 $x=3$.

答案:(A).

25. 参照 1954 年试题 49 题.

答案:(D).

26. $\left|\frac{5-x}{3}\right| < 2, (5-x) < 6$,所以 $-6 < 5-x < 6$,所以
$$11 > x > -1$$

答案:(B).

27. 由题意得
$$\frac{(n-2)180}{n} = \frac{15}{2} \times \frac{360}{n}$$

所以 $n-2=15$,所以 $n=17$,有
$$S=(17-2)\times 180=2\,700$$
$P$ 为等角 17 边形,不必正多边形.
答案:(E).

28. 由题意得
$$x-\frac{7}{x-3}=3-\frac{7}{x-3}$$
$x-3\neq 0$ 时,$\frac{7}{x-3}$ 方有意义,亦即可消去,得 $x=3$,
故知不成立,意即原方程无解.
答案:(B).

29. 由题意得
$$5a+b>51,3a-b=21$$
所以 $8a>72$,所以 $a>9,b>6$.
答案:(A).

30. 令 $|x|=|y|,x=\pm y$(但 $y>0$),$3x+5y=15$,所以
$$8y=15 \text{ 或 } 2y=15$$
$$x=y=\frac{15}{8},-x=y=\frac{15}{2}$$
答案:(C).

31. 
$$\begin{array}{r}
x^2-2x+p-1 \\
x^2+2x+5\overline{)x^4\qquad\quad +px^2\qquad\quad +q} \\
\underline{x^4+2x^3+5x^2\qquad\qquad} \\
-2x^3+(p-5)x^2 \\
\underline{-2x^3\qquad -4x^2-10x} \\
(p-1)x^2+10x+q \\
\underline{(p-1)x^2+2(p-1)x+5(p-1)} \\
(12-2p)x+q+5-5p
\end{array}$$

因 $x^4+px^2+q$ 含有 $x^2+2x+5$ 一因式,故 $(12-2p)+q+5-5p$ 应恒等于零,故 $12-2p=0$ 及 $q+5-5p=0$.
所以 $p=6, q=25$.
答案:(D).

32. 因 $AB$ 是切线长,所以
$$AB^2 = AD \cdot AE = AD(AD+2r) = AD(AD+AB)$$
$$= AD^2 + AD \cdot AB$$
$$AD^2 = AB^2 - AD \cdot AB = AB(AB-AD)$$
$$= AB \cdot (AB-AP) = AB \cdot PB$$
所以 $AP^2 = AB \cdot PB$.
答案:(A).

33. 由题意得
$$2 \times 3 \times 5 \times \cdots \times 61 + 2 = 2(3 \times 5 \times \cdots \times 61 + 1)$$
$$2 \times 3 \times 5 \times \cdots \times 61 + 3 = 3(2 \times 5 \times \cdots \times 61 + 1)$$
$$2 \times 3 \times 5 \times \cdots \times 61 + 4 = 2(3 \times 5 \times \cdots \times 61 + 2)$$
$$\vdots$$
可见 $n$ 所取之值与 $p$ 均有公因数存在.
答案:(A).

34. 把两游泳爱好者在三分钟内游泳的情况组成图如下:

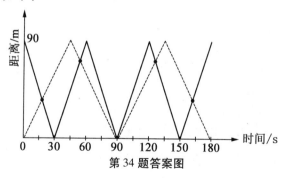

第34题答案图

3 min 后,两人重新回到原处如同重新开始一般.
3 min 内互相闪过 5 次(由上图可知,即虚线与实线相交点,包括第 90 s 在内),12 min 内共有 $\frac{12}{3} \times 5 = 20$(次).

此问题具有周期性现象.第一人(较快者)的周期为 60 s,第二人较慢者为 90 s,则公共周期为 180 s,即 3 min.

答案:(C).

35. $t^2 = m \cdot n$ 而 $m + n = 10$, $t^2 = m(10 - m)$,所以
$$t = \sqrt{m(10-m)}$$
$m = 1$ 时, $t = 3$; $m = 2$ 时, $t = 4$; $m = 3, 4, 6, 7$ 时,则 $t$ 非整数; $m = 5$ 时,则 $m = n$ 与题设不合; $m = 8, 9$ 与 $m = 1, 2$ 情形相同.

答案:(C).

36. 由题意得
$$S_1 = \frac{n}{2}[2a + (n-1)d]$$
$$S_2 = \frac{2n}{2}[2a + (2n-1)d]$$
$$S_3 = \frac{3n}{2}[2a + (3n-1)d]$$
$$R = S_3 - S_2 - S_1$$
$$= \frac{n}{2}[6a + 9nd - 3d - 4a - 4nd + 2d - 2a - nd + d]$$
$$= 2n^2 d$$

答案:(B).

37. 设矩形之底边长为 $y$,由相似三角形,得
$$\frac{h-x}{y} = \frac{h}{b}, y = \frac{b}{h}(h-x)$$

## 第1章　1960年试题

所以 $xy = \dfrac{bx}{h}(h-x)$.

答案：(A).

**38.** 由外角定理得

$$b + 60° = a + \angle B$$
$$a + 60° = c + \angle C$$
$$b - a = a - c + \angle B - \angle C$$

但 $\angle B = \angle C$, 所以 $a = \dfrac{b+c}{2}$.

答案：(D).

**39.** 由题意得

$$\dfrac{a+b}{a} = \dfrac{b}{a+b}$$

所以 $(a+b)^2 = ab$, 所以 $a^2 + ab + b^2 = 0$.

$\dfrac{a}{b} = w$ 或 $w^2$, 但 $w = \dfrac{-1 + \sqrt{3}\,\mathrm{i}}{2}$.

答案：(E).

**40.** 如图示，作 $DE \perp AC$.

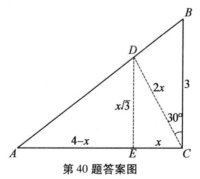

第40题答案图

设 $EC = x$, 则

$DE = x\sqrt{3}$（因 $\triangle DEC$ 是 $30°-60°-90°$ 三角形）

$DC = 2x$(因 $\triangle DEC$ 是 $30°-60°-90°$ 三角形)

所以 $\dfrac{4-x}{x\sqrt{3}} = \dfrac{4}{3}$,所以 $x = \dfrac{12}{3+4\sqrt{3}}$,所以

$$2x = \dfrac{24}{3+4\sqrt{3}} = \dfrac{32\sqrt{3}-24}{13}$$

或者

$$S_{\triangle BCD} = \dfrac{1}{2} \cdot 3 \cdot 2x \cdot \sin 30° = \dfrac{3x}{2}$$

$$S_{\triangle ACD} = \dfrac{1}{2} \cdot 4 \cdot 2x \cdot \sin 60° = 2\sqrt{3}x$$

$$S_{\triangle BCD} + S_{\triangle ACD} = S_{\triangle ACB}$$

所以

$$\dfrac{3}{2}x + 2\sqrt{3}x = 6, x = \dfrac{12}{3+4\sqrt{3}} = \dfrac{16\sqrt{3}-12}{13}$$

所以 $2x = \dfrac{32\sqrt{3}-24}{13}$.

答案:(A).

# 1961 年试题

## 1 第一部分

第2章

1. 化简 $\left(-\dfrac{1}{125}\right)^{-\frac{2}{3}}$ 可得(　　).

   (A) $\dfrac{1}{25}$    (B) $-\dfrac{1}{25}$    (C) 25

   (D) $-25$    (E) $25\sqrt{-1}$

2. 一汽车在 $r$ s 内行驶 $\dfrac{a}{6}$ m,若此速率维持 3 min 之久,问此汽车 3 min 内行驶多少米(　　).

   (A) $\dfrac{a}{1\,080r}$    (B) $\dfrac{30r}{a}$    (C) $\dfrac{30a}{r}$

   (D) $\dfrac{10r}{a}$    (E) $\dfrac{10a}{r}$

3. 若 $2y+x+3=0$ 与 $3y+ax+2=0$ 的图形相交成直角,则 $a$ 的值为(　　).

   (A) $\pm\dfrac{2}{3}$    (B) $-\dfrac{2}{3}$    (C) $-\dfrac{3}{2}$

   (D) 6    (E) $-6$

4. 设正整数平方所组成的集合为 $u$,即 $u=\{1,4,9,16,\cdots\}$,若对此集合的一个或多个元素作某一运算,常产生此集合的一个元素,则称此集合在该运算之下封闭,如此,$u$ 封闭于(　　).

(A)加法　　(B)乘法　　(C)除法

(D)一正整数的开方

(E)非上述的答案

5. 设 $S=(x-1)^4+4(x-1)^3+6(x-1)^2+4(x-1)+1$,则 $S$ 等于(　　).

(A)$(x-2)^4$　　(B)$(x-1)^4$　　(C)$x^4$

(D)$(x+1)^4$　　(E)$x^4+1$

6. 化简 $\log 8 \div \log \dfrac{1}{8}$ 可得(　　).

(A)$6\log 2$　　(B)$\log 2$　　(C)$1$

(D)$0$　　(E)$-1$

7. 化简 $\left(\dfrac{a}{\sqrt{x}}-\dfrac{\sqrt{x}}{a^2}\right)^6$ 展开式的第三项,可得(　　).

(A)$\dfrac{15}{x}$　　(B)$-\dfrac{15}{x}$　　(C)$-\dfrac{6x^2}{a^2}$

(D)$\dfrac{20}{a^3}$　　(E)$-\dfrac{20}{a^3}$

8. 设一三角形的两底角度量为 $A$ 与 $B$,且 $B$ 大于 $A$,底边上的高分顶角的度量 $C$ 成两部分,其度量分别为 $C_1$ 与 $C_2$,其中 $C_2$ 接角度量 $A$ 的对边,则(　　).

(A)$C_1+C_2=A+B$　　(B)$C_1-C_2=B-A$

(C)$C_1-C_2=A-B$　　(D)$C_1+C_2=B-A$

(E)$C_1-C_2=A+B$

9. 设 $r$ 为两倍于 $a^b$ 的底与其指数的结果,其中 $b\neq 0$,

若 $r$ 等于 $a^b$ 与 $x^b$ 的乘积,则 $x$ 等于( ).

(A) $a$    (B) $2a$    (C) $4a$

(D) $2$    (E) $4$

10. △$ABC$ 的每边长为 $12$,$D$ 为自 $A$ 引至 $BC$ 的垂线足,$E$ 为 $AD$ 的中点,则 $BE$ 的长为( ).

(A) $\sqrt{18}$    (B) $\sqrt{23}$    (C) $6$

(D) $\sqrt{63}$    (E) $\sqrt{98}$

11. 自圆外部 $A$ 引一圆的两切线,切点各为 $B,C$,第三切线交 $AB$ 于 $P$,且交 $AC$ 于 $R$,又切圆于 $Q$,若 $AB=20$,则△$APR$ 的周长为( ).

(A) $42$    (B) $40.5$    (C) $40$

(D) $39\dfrac{7}{8}$    (E) 无法决定

12. 一几何级数的首三项为 $\sqrt{2},\sqrt[3]{2},\sqrt[6]{2}$,则第四项为( ).

(A) $1$    (B) $\sqrt[7]{2}$    (C) $\sqrt[8]{2}$

(D) $\sqrt[9]{2}$    (E) $\sqrt[10]{2}$

13. 记号 $|a|$ 表示 $a$ 是 $+a,0$ 或 $-a$,对 $t$ 的所有实值,式 $\sqrt{t^4+t^2}$ 等于( ).

(A) $t^3$    (B) $t^2+t$    (C) $|t^2+t|$

(D) $t\sqrt{t^2+1}$    (E) $|t|\sqrt{1+t^2}$

14. 已知一菱形的一对角线长为另一对角线长的两倍,若 $k$ 表此菱形的面积,则其边长为( ).

(A) $\sqrt{k}$    (B) $\dfrac{1}{2}\sqrt{2k}$    (C) $\dfrac{1}{3}\sqrt{3k}$

(D) $\dfrac{1}{4}\sqrt{4k}$    (E) 非上述的答案

15. 若对每 $x$ 天而言，$x$ 人每天工作 $x$ 小时可生产 $x$ 成品，则对每 $y$ 天而言，$y$ 人每天工作 $y$ 小时可生产的成品数(不一定需要一整数)为(　　).

(A) $\dfrac{x^3}{y^2}$　　(B) $\dfrac{y^3}{x^2}$　　(C) $\dfrac{x^2}{y^3}$

(D) $\dfrac{y^2}{x^3}$　　(E) $y$

16. 设一三角形的高 $h$ 增加长度 $m$，若欲使三角形的面积为原三角形面积的一半，问对应的底边长 $b$ 应取走的量(　　).

(A) $\dfrac{bm}{h+m}$　　(B) $\dfrac{bh}{2(h+m)}$　　(C) $\dfrac{b(2m+h)}{m+h}$

(D) $\dfrac{b(m+h)}{2m+h}$　　(E) $\dfrac{b(2m+h)}{2(h+m)}$

17. 在底 10 的数制中，数 526 意为 $5\times10^2+2\times10+6$，在某王国里，数却以底 $r$ 来表示. 某君在那里购买一汽车花费 440 货币单位(简写为 m.u.)，他给售货人 1 000 m.u. 的钱额，而找回 340 m.u.，则 $r$ 为(　　).

(A) 2　　(B) 5　　(C) 7

(D) 8　　(E) 12

18. 某城市连续四年的人口调查里，知每年变化分别为：增加 25%，增加 25%，减少 25%，减少 25%，则四年中总变化，至最近似之百分比，为(　　).

(A) $-12$　　(B) $-1$　　(C) 0

(D) 1　　(E) 12

19. 考虑 $y=2\log x$ 与 $y=\log 2x$ 的图形，可得(　　).

(A) 它们不相交

(B) 它们仅交于一点

(C) 它们仅交于二点

(D) 它们交于有限个点, 但多于二

(E) 它们重合

20. 满足不等式组 $y > 2x$ 与 $y > 4 - x$ 的点集合完全包含于象限(   ).

(A) Ⅰ与Ⅱ　　(B) Ⅱ与Ⅲ　　(C) Ⅰ与Ⅲ

(D) Ⅲ与Ⅳ　　(E) Ⅰ与Ⅳ

## 2　第二部分

21. △ABC 的二中线 AD 与 CE 交于 M, AE 的中点为 N, 设 △MNE 的面积为 △ABC 面积的 $k$ 倍, 则 $k$ 等于(   ).

(A) $\frac{1}{6}$　　(B) $\frac{1}{8}$　　(C) $\frac{1}{9}$

(D) $\frac{1}{12}$　　(E) $\frac{1}{16}$

22. 若 $3x^3 - 9x^2 + kx - 12$ 可被 $x - 3$ 整除, 则亦可被下列何式整除(   ).

(A) $3x^2 - x + 4$　　(B) $3x^2 - 4$

(C) $3x^2 + 4$　　(D) $3x - 4$

(E) $3x + 4$

23. 点 $P$ 与 $Q$ 同在线段 $AB$ 上且在 $AB$ 中点的同侧, $P$ 分 $AB$ 成 2:3, 而 $Q$ 分 $AB$ 成 3:4, 若 $PQ = 2$, 则 $AB$ 的长为(   ).

(A) 60　　(B) 70　　(C) 75

(D) 80　　(E) 85

24. 31 本书自左至右按价格增加的次序排列, 相邻每本的价格差均为$2,对于在最右的书价而言,顾客可买一本中间的书及相邻的一本,则( ).

(A)上面所指的相邻书是在中间书的左侧

(B)中间书售价$36

(C)最廉书售价$4

(D)最贵书售价$64

(E)非上述的答案

25. △ABC 为以 AC 为底的等腰三角形,点 P 与 Q 各在 CB 与 AB 上,并使 AC=AP=PQ=QB,∠B 为( ).

(A)$25\frac{5}{7}°$　(B)$26\frac{1}{3}°$　(C)$30°$

(D)$40°$　(E)无法决定

26. 对一已给定算术级数而言,其首 50 项的和为 200,而次 50 项的和为 2 700,则此级数的首项为( ).

(A)$-1\,221$　(B)$-21.5$　(C)$-20.5$

(D)$3$　(E)$3.5$

27. 两等角凸多边形 $P_1$ 与 $P_2$ 有不同的边数;$P$ 的每一角度数为 $x$,$P_2$ 的每一角度数为 $kx$,其中 $k$ 是大于 1 的整数,则可能的数对$(x, k)$的数目有( ).

(A)无穷　(B)有限,但多于 2

(C)2　(D)1　(E)0

28. 若 $2\,137^{753}$ 乘开后,在最后的积中,个位数字为( ).

(A)1　(B)3　(C)5

(D)7　(E)9

29. 设 $ax^2+bx+c=0$ 的根为 $r$ 与 $s$,以 $ar+b$ 与 $as+b$

为根的方程为( ).

(A) $x^2 - bx - ac = 0$

(B) $x^2 - bx + ac = 0$

(C) $x^2 + 3bx + ca + 2b^2 = 0$

(D) $x^2 + 3bx - ca + 2b^2 = 0$

(E) $x^2 + bx(2-a) + a^2c + b^2(a+1) = 0$

30. 若 $\lg 2 = a$, 且 $\lg 3 = b$, 则 $\log_5 12$ 等于( ).

(A) $\dfrac{a+b}{1+a}$  (B) $\dfrac{2a+b}{1+a}$  (C) $\dfrac{a+2b}{1+a}$

(D) $\dfrac{2a+b}{1-a}$  (E) $\dfrac{a+2b}{1-a}$

## 3 第三部分

31. △ABC 中若 $AC:CB = 3:4$, 且在 C 的外角引分角线交 BA 的延长线于 P(A 介于 P 与 B 之间), 则 PA:AB 为( ).

(A) 1:3   (B) 3:4   (C) 4:3

(D) 3:1   (E) 7:1

32. 一正 n 边形内接于半径为 R 的圆, 此正 n 边形的面积为 $3R^2$, 则 n 等于( ).

(A) 8   (B) 10   (C) 12

(D) 15   (E) 18

33. $2^{2x} - 3^{2y} = 55$ 的解共有多少个?(其中 $x, y$ 为整数)( ).

(A) 0   (B) 1   (C) 2

(D) 3   (E) 多于 3, 但有限

34. 设 $S = \left\{\dfrac{2x+3}{x+2} \middle| x \geq 0\right\}$. 若有一数 $M$ 使得集合 $S$ 的元素无一大于 $M$, 则 $M$ 为 $S$ 的上界, 若有一数 $m$ 使得集合 $S$ 的元素无一小于 $m$, 则 $m$ 为 $S$ 的下界, 则可得( ).

    (A) $m$ 在 $S$ 中, $M$ 不在 $S$ 中

    (B) $M$ 在 $S$ 中, $m$ 不在 $S$ 中

    (C) $m$ 与 $M$ 均在 $S$ 中

    (D) $m$ 与 $M$ 均不在 $S$ 中

    (E) $M$ 不存在于 $S$ 之中或 $S$ 之外

35. 数 695 写成数字的一阶乘底, 即 $695 = a_1 + a_2 \cdot 2! + a_3 \cdot 3! + \cdots + a_n \cdot n!$, 其中 $a_1, a_2, \cdots, a_n$ 是整数并且 $0 \leq a_k \leq k$, 而 $n!$ 之意为 $n \cdot (n-1) \cdot (n-2) \cdots 2 \cdot 1$, 求 $a_4$ ( ).

    (A) 0    (B) 1    (C) 2
    (D) 3    (E) 4

36. 在 $\triangle ABC$ 中, 已知自 $A$ 引的中线垂直于自 $B$ 引的中线, 若 $BC = 7$, 且 $AC = 6$, 则 $AB$ 的长为( ).

    (A) 4    (B) $\sqrt{17}$    (C) 4.25
    (D) $2\sqrt{5}$    (E) 4.5

37. 在已给定的距离 $d$ m 中作等速的赛跑, 至终点时 $A$ 能超 $B$ 20 m, $B$ 能超 $C$ 10 m, $A$ 能超 $C$ 28 m, 问 $d$ 的米数等于( ).

    (A) 无法决定    (B) 58    (C) 100
    (D) 116    (E) 120

38. 一 $\triangle ABC$ 内接于一半径为 $r$ 的半圆内, 使得其底 $AB$ 在直径 $AB$ 上, 点 $C$ 不与 $A$ 或 $B$ 重合. 设 $s = AC + BC$, 则对所有 $C$ 可能的位置而言, 有( ).

第 2 章  1961 年试题

(A) $s^2 \leqslant 8r^2$   (B) $s^2 = 8r^2$   (C) $s^2 \geqslant 8r^2$
(D) $s^2 \leqslant 4r^2$   (E) $s^2 = 4r^2$

39. 从一边为 1 的正方形上或其内部任取五点,设 $a$ 为可能的最小数,具有如此的性质:从此五点中总可以选出一对点来使其间距离等于或小于 $a$,则 $a$ 为(　　).

(A) $\frac{\sqrt{3}}{3}$   (B) $\frac{\sqrt{2}}{2}$   (C) $\frac{2\sqrt{2}}{3}$

(D) 1   (E) $\sqrt{2}$

40. 若 $5x + 12y = 60$,则 $\sqrt{x^2 + y^2}$ 的极小值为(　　).

(A) $\frac{60}{13}$   (B) $\frac{13}{5}$   (C) $\frac{13}{12}$

(D) 1   (E) 0

## 4  答  案

1. (C)   2. (E)   3. (E)   4. (B)   5. (C)   6. (E)
7. (A)   8. (B)   9. (C)   10. (D)   11. (C)
12. (A)   13. (E)   14. (E)   15. (B)   16. (E)
17. (D)   18. (A)   19. (B)   20. (A)   21. (D)
22. (C)   23. (B)   24. (A)   25. (A)   26. (C)
27. (D)   28. (D)   29. (B)   30. (D)   31. (D)
32. (C)   33. (B)   34. (A)   35. (D)   36. (B)
37. (C)   38. (A)   39. (B)   40. (A)

## 5  1961 年试题解答

**1.** 由题意得

$$(-\frac{1}{125})^{-\frac{2}{3}} = (-125)^{\frac{2}{3}} = [(-125)^{\frac{1}{3}}]^2$$
$$= (-5^2) = 25$$

答案:(C).

**2.** $D$ m $= R$ m/min $\times T$ min; $D = \dfrac{(1/3) \cdot (a/6)}{r/60} \cdot 3 = \dfrac{10a}{r}$.

答案:(E).

**3.** 令 $m_1$ 为直线 $2y + x + 3 = 0$ 的斜率,且 $m_2$ 为直线 $3y + ax + 2 = 0$ 的斜率,由于垂直关系,$m_1 \cdot m_2 = -1$;

所以 $(-\dfrac{1}{2})(-\dfrac{a}{3}) = -1$,所以 $a = -6$.

答案:(E).

**4.** $u$ 不在加法下封闭,例如 $1 + 4 = 5$ 而 $5$ 并非 $u$ 的元素(因非一整数的完全平方).同样的,$u$ 不在除法或正整数开方根下封闭,但 $u$ 在乘法下封闭,若 $m^2$ 与 $n^2$ 为 $u$ 的元素,则 $m^2 \cdot n^2 = (m \cdot n)^2$ 为 $u$ 的元素($u$ 包含所有正整数的平方而且 $m \cdot n$ 为一整数).

答案:(B).

**5.** 考虑二项式展开式 $(a+1)^4 = a^4 + 4a^3 + 6a^2 + 4a + 1$

令 $x - 1 = a$,则 $S = (x - 1 + 1)^4 = x^4$.

答案:(C).

**6.** $\log 8 \div \log \dfrac{1}{8} = \log 8 \div (\log 1 - \log 8)$

$= \log 8 \div (-\log 8) = -1$

答案：(E).

7. 由于 $(r+s)^6 = r^6 + 6r^5s + 15r^4s^2 + \cdots$，当

$$r = \frac{a}{\sqrt{x}}, 且 s = -\frac{\sqrt{x}}{a^2}$$

时，在第三项可得

$$15\left(\frac{a}{\sqrt{x}}\right)^4 \left(-\frac{\sqrt{x}}{a^2}\right)^2 = \frac{15}{x}$$

或利用 $(r+s)^n$ 的第 $k+1$ 项公式

$$\frac{n\cdot(n-1)\cdots(n-k+1)}{1\cdot 2\cdots k} r^{n-k} s^k$$

当 $n=6, k=2$ 时得

$$\frac{6\cdot 5}{1\cdot 2}\left(\frac{a}{\sqrt{x}}\right)^4\left(-\frac{\sqrt{x}}{a^2}\right)^2 = \frac{15}{x}$$

答案：(A).

8. 由于 $B+C_2=90$，且 $A+C_1=90$，故 $B+C_2=A+C_1$，可见 $C_1-C_2=B-A$.

答案：(B).

9. $r=(2a)^{2b}=[(2a)^2]^b=(4a^2)^b$；又 $r=a^b\cdot x^b=(ax)^b$. 所以 $(ax)^b=(4a^2)^b, ax=4a^2, x=4a$.

答案：(C).

10. $BE^2=BD^2+DE^2, BD=6, DE=\frac{1}{2}DA=\frac{1}{2}\cdot 6\sqrt{3}=3\sqrt{3}$. 所以 $BE^2=36+27$，且 $BE=(63)^{\frac{1}{2}}$.

答案：(D).

11. $p(\triangle APR$ 的周长$)=AP+PQ+RQ+RA$
    且 $PQ=PB, PQ=RC$. 所以
    $p=AP+PB+RC+RA=AB+AC=20+20=40$

答案:(C).

12. 在几何级数中,各项均为前一项的 $r$ 倍,故在此情况里,$r = \dfrac{2^{\frac{1}{3}}}{2^{\frac{1}{2}}} = 2^{\frac{1}{3}-\frac{1}{2}} = 2^{-\frac{1}{6}}$,可见,第四项为

$$r \cdot 2^{\frac{1}{6}} = 2^{-\frac{1}{6}} \cdot 2^{\frac{1}{6}} = 2^0 = 1$$

答案:(A).

13. 由题意得

$$(t^4 + t^2)^{\frac{1}{2}} = [t^2(t^2+1)]^{\frac{1}{2}} = (t^2)^{\frac{1}{2}}(t^2+1)^{\frac{1}{2}}$$
$$= |t|(1+t^2)^{\frac{1}{2}}$$

答案:(E).

14. 令对角线长为 $d$ 及 $2d$,且令边长为 $s$,则 $\dfrac{1}{2}d \cdot 2d = k$,即 $d^2 = k$,由于

$$s^2 = d^2 + \left(\dfrac{d}{2}\right)^2 = k + \dfrac{k}{4} = \dfrac{5k}{4}, s = \dfrac{1}{2}(5k)^{\frac{1}{2}}$$

答案:(E).

15. 由于 $x$ 人工作 $x^2$ 小时可生产 $x$ 个物品,故一人工作 $x^2$ 小时可生产一个物品. 因此,一人每小时生产一个物品的 $\dfrac{1}{x^2}$ 部分,令 $n$ 表 $y$ 人每天内,一天工作 $y$ 小时所生产的物品数目,则

$$n = y \cdot y \cdot y \cdot \dfrac{1}{x^2} = \dfrac{y^3}{x^2}$$

答案:(B).

16. 令 $d$ 表自底 $b$ 所取走的量,则

$$\dfrac{1}{2}(b-d)(b+m) = \dfrac{1}{2} \cdot \dfrac{1}{2}bh$$

解 $d$,得 $d = \dfrac{b(2m+h)}{2(h+m)}$.

答案:(E).

17. 已知
$$1\,000\text{m.u.} - 340\text{m.u.} = 440\text{m.u.}(底为 r)$$
因此
$$1 \cdot r^3 + 0 \cdot r^2 + 0 \cdot r + 0 - (3r^2 + 4r + 0) = 4r^2 + 4r + 0$$
故
$$r^3 - 7r^2 - 8r = 0, r^2 - 7r - 8 = 0, r = 8$$

或已知 $\dfrac{\begin{array}{r}440\\+\ 340\\\hline1\,000\end{array}}{}$ ;由于 $4+4$ 在此系中以 $0$ 为个位,

可见底为 $8$,则 $r = 8$.

答案:(D).

18. 令 $P$ 为原先人口,则 1 年后人口为 $1.25P$;2 年后人口为 $(1.25) \cdot (1.25) \cdot P$;3 年后人口为 $(1.25) \cdot (1.25) \cdot (0.75) \cdot P$;4 年后人口为 $(1.25) \cdot (1.25) \cdot (0.75) \cdot (0.75) \cdot P = \dfrac{225}{256}P$. 故四年中总变化为

$$\dfrac{\dfrac{225}{256}P - P}{P} \times 100 \approx \dfrac{0.88P - P}{P} \times 100 = -12$$

答案:(A).

19. 记 $2\log x$ 为 $\log x^2$,由解方程 $x^2 = 2x$ 可得交点的横坐标,由于 $x$ 的值限制于正数,故仅有一根为 $2$,可见图形仅交在 $(2, \log 4)$.

答案:(B).

20. 满足不等式 $y > 2x$ 及 $y > 4 - x$ 的点集合如下页图中网状线所示.

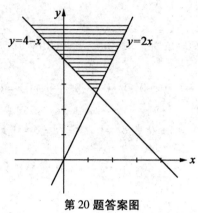

第 20 题答案图

答案:(A).

21. 由题意得

$$S_{\triangle MNE} = \frac{1}{2}S_{\triangle MAE} = \frac{1}{2} \cdot \frac{1}{3}S_{\triangle CAE}$$

$$= \frac{1}{2} \cdot \frac{1}{3} \cdot \frac{1}{2}S_{\triangle ABC}$$

所以 $k = \frac{1}{12}$.

答案:(D).

22. 若 $x-3$ 为 $3x^3 - 9x^2 + kx - 12 = P(x)$ 的一因式,则 $x=3$ 为 $P(x)=0$ 的一个根,即 $P(3)=0$;但

$$P(3) = 3 \cdot 3^3 - 9 \cdot 3^2 + 3k - 12 = 3k - 12 = 0$$

蕴涵 $k=4$,以 $x-3$ 除 $3x^3 - 9x^2 + 4x - 12$ 可得 $3x^2 + 4$.

或当 $P(x)$ 以 $x-3$ 除时,剩余为零的充要条件为 $12 = 3k$,可见 $k=4$,而商为 $3x^2 + k = 3k^2 + 4$.

答案:(C).

23. 由于 $P$ 分 $AB$ 成 2:3 的比,故

$AP:AB = 2:5$ 且 $AQ:AB = 3:7$

$$\frac{AQ-QP}{AB} = \frac{1}{35}$$

由于 $PQ = AQ - AP = 2$,故 $AB = 70$.

答案:(B).

24. 令价格自左至右的次序,按价格排序为 $P, P+2, P+4, \cdots, P+58, P+60$;中央书的价格为 $P+30$,则或
$P+30+P+32 = P+60$ 或 $P+30+P+28 = P+60$
第一方程算出 $P$ 为负值,故不可能,第二方程导出 $P = 2$.

答案:(A).

25. $\angle B$ 的大小以 $m$ 表示,那么,依次可得 $\angle QPB = m$,$\angle AQP = 2m$,$\angle QAP = 2m$,$\angle QPA = 180 - 4m$,$\angle APC = 3m$,$\angle ACP = 3m$,由于 $\angle BCA = \angle BAC = 3m$,于 $\triangle ABC$ 中,这些角的和为

$$m + 3m + 3m = 7m = 180°$$

所以 $m = 25\frac{5}{7}°$.

答案:(A).

26. 设此级数的首项为 $a$,则 $200 = \frac{50}{2}(a + a + 49d)$ 且 $2\,700 = \frac{50}{2}[(a+5d)+(a+99d)]$. 解此等联立方程,得 $a = -20.5$.

答案:(C).

27. 多边形中最少数为 3,可见,角 $x$ 的最小可能值为 $60°$,$x$ 的其次最小可能值为 $90°$,是属于四边形的一角,由于凸多边形的各角度数均小于 $180°$,故 $kx < 180°$,兹因 $k$ 为大于 1 的整数,故 $x = 60°, k = 2$

所成的数对提供了一解：$x=60°, kx=120°<180°$；
$P$ 为三角形，$P_2$ 为六边形，但若 $x>60°$ 或若 $k>2$，
$kx\geqslant 180°$；可见，无其他解．

答案：(D)．

28. $(2\,137)^n$ 的个位数各为 1 当 $n=0$ 时，7 当 $n=1$ 时，9 当 $n=2$ 时，3 当 $n=3$．

对再大的 $n$ 值，这些数字便每四个循环重复一次，
所以 $(2\,137)^{753}=(2\,137)^{4\times 188+1}=(2\,137^4)^{188}\times (2\,137)^1$．$(2\,137^4)^{188}$ 的个位数为 1，而 $(2\,137)^1$ 的个位数为 7，可见，其积的个位数为 $1\times 7=7$．

答案：(D)．

29. 已知 $r+s=-\dfrac{b}{a}$ 且 $rs=\dfrac{c}{a}$，以 $ar+b, as+b$ 为根的方程为
$$[x-(ar+b)][x-(as+b)]=0$$
所以 $x^2-[a(r+s)+2b]x+a^2rs+ab(r+s)+b^2=0$.
所以 $x^2-[a(-\dfrac{b}{a})+2b]x+a^2(\dfrac{c}{a})+ab(-\dfrac{b}{a})+b^2=0$．所以 $x^2-bx+ac=0$．

答案：(B)．

30. 令 $\log_5 12=x$；则 $5^x=12$，故 $x\lg 5=\lg 12$．所以
$$x=\dfrac{\lg 12}{\lg 5}=\dfrac{2\lg 2+\lg 3}{\lg 10-\lg 2}=\dfrac{2a+b}{1-a}$$

答案：(D)．

31. 如图，作 $PA'$ 使 $\angle BPC=\angle A'PC$；则 $\triangle ACP\cong \triangle A'CP$ (ASA)．

且 $AC=A'C, PA=PA'$，由于 $PC$ 于 $\triangle BPA'$ 中平分 $\angle BPA'$，故 $\dfrac{BC}{CA'}=\dfrac{PB}{PA'}$ 或 $\dfrac{BC}{CA}=\dfrac{PB}{PA}=\dfrac{4}{3}$．

由于 $A$ 介于 $P$ 与 $B$ 之间,故
$$AB = PB - PA$$
$$\frac{AB}{PA} = \frac{PB}{PA} - \frac{PA}{PA} = \frac{4}{3} - 1 = \frac{1}{3}$$

故 $\frac{PA}{AB} = 3$.

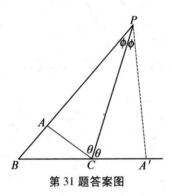

第31题答案图

答案:(D).

32. 正多边形面积为 $\frac{1}{2}ap$,其中
$$a = R\cos\frac{180°}{n} \text{ 且 } p = ns = n\,2R\sin\frac{180°}{n}$$

所以
$$3R^2 = \frac{1}{2}R\cos\frac{180°}{n} \cdot 2nR\sin\frac{180°}{n}$$

所以
$$\frac{6}{n} = 2\sin\frac{180°}{n} \cdot \cos\frac{180°}{n} = \sin\frac{360°}{n}$$

其中 $n$ 为正整数,等于或大于 3,在可能的角中唯一使其正弦为有理数者为 30°.

所以 $n = 12$. 验算时,注意 $\frac{6}{12} = \frac{1}{2} = \sin\frac{360°}{12} =$

sin 30°.

或多边形面积为多边形相邻顶点与圆心为顶的三角形面积的 $n$ 倍. 所以 $3R^2 = n \cdot \dfrac{1}{2} R^2 \sin \dfrac{360°}{n}$ 或

如前 $\dfrac{6}{n} = \sin \dfrac{360°}{n}$.

答案:(C).

33. 由题意得
$2^{2x} - 3^{2y} = (2^x + 3^y)(2^x - 3^y) = 11 \times 5 = 55 \times 1$

所以

$$\begin{cases} 2^x + 3^y = 11 \\ 2^x - 3^y = 5 \end{cases} \text{或} \begin{cases} 2^x + 3^y = 55 \\ 2^x - 3^y = 1 \end{cases}$$

所以 $\qquad 2 \times 2^x = 16$

所以 $x = 3, y = 1$, 而第二个方程组无法产生 $x, y$ 的整数值.

答案:(B).

34. 令

$$y = \dfrac{2x+3}{x+2}$$

所以

$$y = \dfrac{2x+4-1}{x+2} = \dfrac{2(x+2)-1}{x+2} = 2 - \dfrac{1}{x+2}$$

由

$$y = 2 - \dfrac{1}{x+2}$$

可知,对所有 $x \geqslant 0$, 当 $x$ 增加时, $y$ 亦增加, 可见当 $x = 0$ 时, 可得 $y$ 的最小值, 所以 $m = \dfrac{3}{2}$ 且 $m$ 在 $S$ 中

当 $x$ 继续增加时, $y$ 接近于 2, 但绝不会等于 2. 所以

$M=2$ 且 $M$ 不在 $S$ 中.

答案:(A).

35. 由题意得

$$695 = a_1 + a_2(2 \times 1) + a_3(3 \times 2 \times 1) + a_4(4 \times 3 \times 2 \times 1) + a_5(5 \times 4 \times 3 \times 2 \times 1)$$

即 $695 = a_1 + 2a_2 + 6a_3 + 24a_4 + 120a_5$,其中 $0 \le a_k \le k$,因此 $a_k$ 必等于 5(为得 695),而 $a_4 \ne 4$,$5 \times 120 + 4 \times 24 > 695$,同样 $a_4$ 不可小于 3,若 $a_4 = 2$,则 $2 \times 24 + 3 \times 6 + 2 \times 2 + 1 < 95$,所以 $a_4 = 3$ 验算

$$5 \times 120 + 3 \times 24 + 3 \times 6 + 2 \times 2 + 1 = 695$$

答案:(D).

36. 从图形可得 $4a^2 + b^2 = 9$ 且 $a^2 + 4b^2 = \dfrac{49}{4}$,所以

$$5a^2 + 5b^2 = \dfrac{85}{4}$$

所以

$$a^2 + b^2 = \dfrac{17}{4}$$

由于

$$AB^2 = 4a^2 + 4b^2 = 17$$

因此 $AB = (17)^{\frac{1}{2}}$.

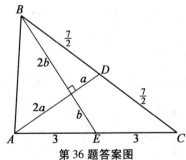

第36题答案图

答案：(B).

37. 令 $v_A, v_B, v_C$ 各为 $A, B, C$ 的速率，则

$$\frac{d}{v_A} = \frac{d-20}{v_B} \qquad ①$$

$$\frac{d}{v_B} = \frac{d-10}{v_C} \qquad ②$$

$$\frac{d}{v_A} = \frac{d-28}{v_C} \qquad ③$$

所以

$$\frac{d-20}{v_B} = \frac{d-28}{v_C} \qquad ④$$

④与②各边相除得 $\frac{d-20}{d} = \frac{d-28}{d-10}$，所以 $d=100$.

答案：(C).

38. 令 $AC=h$，且 $BC=l$，则 $h^2+l^2=4r^2$. 由于
$$s=h+l, s^2=h^2+l^2+2hl=4r^2+2hl$$
其中 $2hl$ 为 $S_{\triangle ABC}$ 的 4 倍，可见，当 $h=l=r\sqrt{2}$ 时，$\triangle ABC$ 的面积最大，所以 $s^2 \leqslant 4r^2+4r^2=8r^2$.

答案：(A).

39. 介于两点 $P_1$ 与 $P_2$ 的最大距离为对角线长 $\sqrt{2}$，置 $P_1, P_2, P_3, P_4$ 在四端角，对第五点 $P_5$ 欲使距此四点越远越好起见，只有放置在正方形的中央，自 $P_5$ 至此四点的任一的距离为 $\frac{1}{2}\sqrt{2}$，置在正方形内容的点均将使两点距离的最小值小于 $\frac{1}{2}\sqrt{2}$.

答案：(B).

40. $(x^2+y^2)^{\frac{1}{2}}$ 的极小值为自 $O$ 至直线 $5x+12y=60$ 的垂直线段长 $OC$，由相似三角形，得

$$\frac{OC}{5} = \frac{12}{13}$$

所以

$$OC = \frac{60}{13}$$

或令

$$R = (x^2 + y^2)^{\frac{1}{2}}$$

则,由于

$$5x + 12y = 60, y = 5 - \frac{5}{12}x$$

且

$$R = (x^2 + 25 - \frac{25}{6}x + \frac{25}{144}x^2)^{\frac{1}{2}}$$

$$= [(\frac{13}{12}x)^2 - \frac{25}{6}x + (\frac{25}{13})^2 + 25 - (\frac{25}{13})^2]^{\frac{1}{2}}$$

$$= [(\frac{13}{12}x - \frac{25}{13})^2 + 25 - (\frac{25}{13})^2]^{\frac{1}{2}}$$

当 $\frac{13}{12}x - \frac{25}{13} = 0$ 时, $R$ 有极小值. 所以

$$R_{(极小)} = [25 - (\frac{25}{13})^2]^{\frac{1}{2}} = \frac{60}{13}$$

答案:(A).

# 1962 年试题

## 1 第一部分

1. 式 $\dfrac{1^{4y-1}}{5^{-1}+3^{-1}}$ 等于( ).

   (A) $\dfrac{4y-1}{8}$  (B) 8  (C) $\dfrac{15}{2}$

   (D) $\dfrac{15}{8}$  (E) $\dfrac{1}{3}$

2. 式 $\sqrt{\dfrac{4}{3}}-\sqrt{\dfrac{3}{4}}$ 等于( ).

   (A) $\dfrac{\sqrt{3}}{6}$  (B) $-\dfrac{\sqrt{3}}{6}$  (C) $\dfrac{\sqrt{-3}}{6}$

   (D) $5\dfrac{\sqrt{3}}{6}$  (E) 1

3. 一算术级数的首三项依次为 $x-1, x+1, 2x+3$,则 $x$ 的值为( ).

   (A) $-2$  (B) 0  (C) 2

   (D) 4  (E) 未定

第 3 章

4. 若 $8^x = 32$，则 $x$ 等于（    ）．

(A) 4    (B) $\frac{5}{3}$    (C) $\frac{3}{2}$    (D) $\frac{3}{5}$

(E) $\frac{1}{4}$

5. 若一圆的半径增加一单位，则新圆周对新直径的比为（    ）．

(A) $\pi + 2$    (B) $\frac{2\pi + 1}{2}$    (C) $\pi$    (D) $\frac{2\pi - 1}{2}$

(E) $\pi - 2$

6. 一正方形与一等边三角形有相等的周长，此三角形的面积为 $9\sqrt{3}$，此正方形的对角线长为（    ）．

(A) $\frac{9}{2}$    (B) $2\sqrt{5}$    (C) $4\sqrt{2}$    (D) $\frac{9\sqrt{2}}{2}$

(E) 非上述的答案

7. 设 $\triangle ABC$ 在 $B$ 与 $C$ 的外角分角线交于 $D$，则 $\angle BDC$ 为（    ）．

(A) $\frac{1}{2}(90° - \angle A)$    (B) $90° - \angle A$

(C) $\frac{1}{2}(180° - \angle A)$    (D) $180° - \angle A$

(E) $180° - 2\angle A$

8. 一集合有 $n$ 数，$n > 1$，已知其中之一元素为 $1 - \frac{1}{n}$，其余元素均为 1，此 $n$ 数的算术平均为（    ）．

(A) 1    (B) $n - \frac{1}{n}$    (C) $n - \frac{1}{n^2}$    (D) $1 - \frac{1}{n^2}$

(E) $1 - \frac{1}{n} - \frac{1}{n^2}$

9. 若将 $x^9 - x$ 尽可能完全地分解成实整系数多项式与单项式,则因式的数目为(　　).

(A)多于5　(B)5　(C)4　(D)3

(E)2

10. 某人驾车到海边共行 150 km,费时 3 h20 min,他回程时,费时 4 h10 min,设 $r$ 为整个旅程的平均速率,那么去程的平均速率超过 $r$ 的平均速率为(　　).

(A)5　(B)$4\frac{1}{2}$　(C)4　(D)2

(E)1

11. 方程 $x^2 - px + \frac{(p^2-1)}{4} = 0$ 的大根与小根间的差为(　　).

(A)0　(B)1　(C)2　(D)$p$

(E)$p+1$

12. 展开 $(1 - \frac{1}{a})^6$,其末三项系数的和为(　　).

(A)22　(B)11　(C)10　(D)$-10$

(E)$-11$

13. $R$ 正比于 $S$ 而反比于 $T$,当 $R = \frac{4}{3}$ 且 $T = \frac{9}{14}$ 时,$S = \frac{3}{7}$,则当 $R = \sqrt{48}$,且 $T = \sqrt{75}$ 时,$S$ 为(　　).

(A)28　(B)30　(C)40　(D)42

(E)60

14. 设 $S$ 为几何级数 $4 - \frac{8}{3} + \frac{16}{9} - \cdots$ 的极限和(当项数无限增加时),则 $S$ 等于(　　).

(A)介于0与1之一数
(B)2.4　(C)2.5　(D)3.6　(E)12

15. 已知△ABC的底边长与位置固定,当顶点C在一直线上移动时,则三中线的交点在何图形上移动(　　).

(A)一圆　　　　(B)一抛物线
(C)一椭圆　　　(D)一直线
(E)未列于此的一曲线

16. 已知矩形$R_1$的一边长2 cm,而面积为12 cm²,矩形$R_2$的一对角线长15 cm,且相似于$R_2$,则$R_2$面积的平方厘米数为(　　).

(A)$\dfrac{9}{2}$　(B)36　(C)$\dfrac{135}{2}$　(D)$9\sqrt{10}$

(E)$\dfrac{27\sqrt{10}}{4}$

17. 若$a=\log_8 225$,且$b=\log_2 15$,则$a$以$b$表示应等于(　　).

(A)$\dfrac{b}{2}$　(B)$\dfrac{2b}{3}$　(C)$b$　(D)$\dfrac{3b}{2}$

(E)$2b$

18. 一正十二边形内接于半径为$r$的圆内,此正十二边形的面积为(　　).

(A)$3r^2$　(B)$2r^2$　(C)$\dfrac{3r^2\sqrt{3}}{4}$　(D)$r^2\sqrt{3}$

(E)$3r^2\sqrt{3}$

19. 若抛物线$y=ax^2+bx+c$经过点$(-1,12),(0,5)$与$(2,-3)$,则$a+b+c$的值为(　　).

(A)-4　(B)-2　(C)0　(D)1
(E)2

20. 若凸五边形的角度成算术级数,则其中一角应为(　).
(A)180°　(B)90°　(C)72°　(D)54°
(E)36°

## 2  第二部分

21. 已知实系数方程 $2x^2+rx+s=0$ 的一根为 $3+2i$ ($i=\sqrt{-1}$),则 $s$ 的值为(　).
    (A)无从决定　　　(B)5　　(C)6
    (D)-13　　　　　(E)26

22. 若数 $121_b$(意即以整数底 $b$ 所记成的数),为一整数的平方,则 $b$ 为(　).
    (A)仅 $b=10$　　　　(B)仅 $b=10$ 与 $b=5$
    (C)$2 \le b \le 10$　(D)$b>2$　(E)无 $b$ 的值

23. 于 △ABC 中,CD 是 AB 上的高,AE 是 BC 上的高,若 AB,CD 与 AE 的长为已知,则 BD 的长为(　).
    (A)无法决定
    (B)若∠A 为锐角才可决定
    (C)若∠B 为锐角才可决定
    (D)若△ABC 为锐角三角形才可决定
    (E)非上述的答案

24. 三机器 P,Q,R 共同工作一事务 x h,当 P 单独工作此一事务须另加 6 h;Q 须另加 1 h,而 R 须另外

$x$ h,则 $x$ 的值为( ).

(A) $\frac{2}{3}$    (B) $\frac{11}{12}$    (C) $\frac{3}{2}$    (D) 2

(E) 3

25. 已知正方形 $ABCD$ 的每边长 8,过 $A,D$ 作一圆切于 $BC$,则此圆的半径为( ).

(A) 4    (B) $4\sqrt{2}$    (C) 5    (D) $5\sqrt{2}$

(E) 6

26. 对任何 $x$ 的实值而言,$8x - 3x^2$ 的极大值为( ).

(A) 0    (B) $\frac{8}{3}$    (C) 4    (D) 5

(E) $\frac{16}{3}$

27. 设 $A Ⓛ b$ 表对 $a$ 与 $b$ 两数的运算,意指选择两数的大者,又 $a Ⓛ a = a$,设 $a Ⓢ b$ 表选择两数的小者的运算,又 $a Ⓢ a = a$,下列三规则何者正确( ).

$a Ⓛ b = b Ⓛ a$      ①

$a Ⓛ (b Ⓛ c) = (a Ⓛ b) Ⓛ c$      ②

$a Ⓢ (b Ⓛ c) = (a Ⓢ b) Ⓛ (a Ⓢ c)$      ③

(A) 仅①      (B) 仅②

(C) 仅①与②      (D) 仅①与③

(E) 全部

28. 满足方程 $x^{\lg x} = \dfrac{x^3}{100}$ 的 $x$ 值所成的集合由何元素组成( ).

(A) 仅 $\frac{1}{10}$    (B) 仅 10    (C) 仅 100

(D) 仅 10 或 100      (E) 多于两实数

29. 下列何集合的 $x$ 值满足不等式 $2x^2+x<6$？（　　）.

(A) $-2<x<\dfrac{3}{2}$　　(B) $x>\dfrac{3}{2}$ 或 $x<-2$

(C) $x<\dfrac{3}{2}$　　(D) $\dfrac{3}{2}<x<2$

(E) $x<-2$

30. 型 I

考虑叙述：

$$p \wedge q \qquad ①$$
$$p \wedge \neg q \qquad ②$$
$$\neg p \wedge q \qquad ③$$
$$\neg p \wedge \neg q \qquad ④$$

其中 $p$ 与 $q$ 为叙述，而 $\wedge$ 表"且"，$\neg$ 表该叙述的否定，这些叙述中能推出 $\neg(p \wedge q)$ 正确的有多少（　　）.

(A) 0　　(B) 1　　(C) 2　　(D) 3

(E) 4

型 II

考虑叙述：(1) $p$ 且 $q$ 均真；(2) $p$ 为真且 $q$ 为假；(3) $p$ 为假且 $q$ 为真；(4) $p$ 为假且 $q$ 为假，这些叙述中能推出叙述 "$p$ 与 $q$ 均真" 的否定者有多少（　　）.

(A) 0　　(B) 1　　(C) 2　　(D) 3

(E) 4

## 3 第三部分

31. 两正多边形内角度数的比为 3:2，问有多少这种情况的正多边形( ).
(A)1  (B)2  (C)3  (D)4
(E)无限多

32. 若 $x_{k+1}=x_k+\dfrac{1}{2}$,而 $k=1,2,\cdots,n-1$,且 $x_1=1$,则 $x_1+x_2+\cdots+x_n$ 为( ).

(A)$\dfrac{n+1}{2}$ (B)$\dfrac{n+3}{2}$ (C)$\dfrac{n^2-1}{2}$ (D)$\dfrac{n^2+n}{4}$

(E)$\dfrac{n^2+3n}{4}$

33. 满足不等式 $2\leqslant|x-1|\leqslant 5$ 的 $x$ 值的集合为( ).
(A) $-4\leqslant x\leqslant -1$ 或 $3\leqslant x\leqslant 6$
(B) $3\leqslant x\leqslant 6$ 或 $-6\leqslant x\leqslant -3$
(C) $x\leqslant -1$ 或 $x\geqslant 3$
(D) $-1\leqslant x\leqslant 3$
(E) $-4\leqslant x\leqslant 6$

34. $k$ 为何实值时,$x=k^2(x-1)(x-2)$ 有实根( ).
(A)无  (B) $-2<k<1$
(C) $-2\sqrt{2}<k<2\sqrt{2}$
(D) $k>1$ 或 $k<-2$
(E)全部实数

35. 某人在下午 6:00 刚过后去用晚餐时看了手表,指针成 110°,在下午 7:00 前返回,注视手表上指针也成 110°,则此人用餐共费时的分钟数为( ).
(A)$36\dfrac{2}{3}$ (B)40 (C)42 (D)42.4
(E)45

36. 若 $x,y$ 为整数,方程 $(x-8)(x-10)=2^y$ 有多少解( ).

(A)0 (B)1 (C)2 (D)3
(E)多于3

37. $ABCD$ 为一边长1的一正方形,点 $E$ 与 $F$ 各在边 $AB$ 与 $AD$ 上而有 $AE=AF$,并使四边形 $CDEF$ 有最大的面积,此最大面积为( ).

(A)$\frac{1}{2}$ (B)$\frac{9}{16}$ (C)$\frac{19}{32}$ (D)$\frac{5}{8}$
(E)$\frac{2}{3}$

38. 某城市的人口在某时为一完全平方数,稍后,增加100,人口比一完全平方数要多1,现在,再增加100,人口再度为一完全平方数,原来人口是何数的倍数( ).

(A)3 (B)7 (C)9 (D)11
(E)17

39. 如图,一三角形有不等的边长,其中线 $AN$ 与 $BP$ 的长各为 3 与 6,其面积为 $3\sqrt{15}$,第三中线的长为( ).

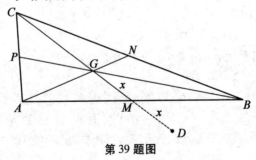

第39题图

(A)4 (B)$3\sqrt{3}$ (C)$3\sqrt{6}$ (D)$6\sqrt{3}$
(E)$6\sqrt{6}$

40. 已知无穷级数为 $\frac{1}{10}+\frac{2}{10^2}+\frac{3}{10^3}+\cdots$,其第 $n$ 项为

第 3 章　1962 年试题

$\dfrac{n}{10^n}$,则其极限和为(　　).

(A) $\dfrac{1}{9}$　　(B) $\dfrac{10}{81}$　　(C) $\dfrac{1}{8}$　　(D) $\dfrac{17}{72}$

(E) 大于任何有限之数

## 4　答 案

1. (D)　2. (A)　3. (B)　4. (B)　5. (C)　6. (D)
7. (C)　8. (D)　9. (B)　10. (A)　11. (B)
12. (C)　13. (B)　14. (B)　15. (D)　16. (C)
17. (B)　18. (A)　19. (C)　20. (A)　21. (E)
22. (D)　23. (E)　24. (A)　25. (C)　26. (E)
27. (E)　28. (D)　29. (A)　30. (D)　31. (C)
32. (E)　33. (A)　34. (E)　35. (B)　36. (C)
37. (D)　38. (B)　39. (C)　40. (B)

## 5　1962 年试题解答

1. 分子等于 1,分母为 $\dfrac{1}{5}+\dfrac{1}{3}=\dfrac{8}{15}$,因此 $1\div\dfrac{8}{15}=\dfrac{15}{8}$.

答案:(D).

2. 由题意得

$$\left(\dfrac{4}{3}\right)^{\frac{1}{2}}-\left(\dfrac{3}{4}\right)^{\frac{1}{2}}=\dfrac{2\sqrt{3}}{3}-\dfrac{\sqrt{3}}{2}=\dfrac{4\sqrt{3}-3\sqrt{3}}{6}=\dfrac{\sqrt{3}}{6}$$

答案:(A)

3. 令 $d$ 为公差;则

$$d = (x+1) - (x-1) = 2$$

且

$$d = (2x+3) - (x+1) = x+2$$

所以 $x+2 = 2$,所以 $x = 0$.

或 $2(x+1) = (x-1) + (2x+3)$,所以 $2x+2 = 3x+2$, $x=0$.

答案:(B).

4. $8^x = 32$, $(2^3)^x = 2^5 = 32$, $2^{3x} = 2^5$,所以 $3x = 5$,所以 $x = \dfrac{5}{3}$.

答案:(B).

5. 任何圆的周长与其直径的比为一常数,以记号 $\pi$ 表示.

答案:(C).

6. 令三角形的边长为 $s$,则其面积为 $(\dfrac{\sqrt{3}}{4})s^2 = 9\sqrt{3}$,故 $s = 6$,由于其周长 $3s = 18$ 等于正方形的周长,故正方形的边长为 $\dfrac{18}{4} = \dfrac{9}{2}$,所以正方形的对角线长为 $\dfrac{9\sqrt{2}}{2}$.

答案:(D).

7. 由题意得

$$2\angle b = 180° - \angle B$$
$$2\angle c = 180° - \angle C$$

所以

$$\angle b + \angle c = 180° - \dfrac{1}{2}(\angle B + \angle C)$$

但

$$\angle B + \angle C = 180° - \angle A$$

所以

$$\angle b + \angle c = 180° - \dfrac{1}{2}(180° - \angle A)$$

所以
$$\angle BDC = 180° - (\angle b + \angle c)$$
$$= 180° - [180° - \frac{1}{2}(180° - \angle A)]$$
$$= \frac{1}{2}(180° - \angle A)(见下图)$$

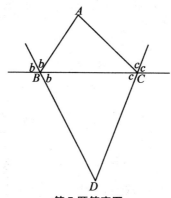

第7题答案图

答案:(C).

8. 令 $s$ 为和且 $M(=s/n)$ 为诸数的算术平均,由于 1 的个数为 $n-1$,故 $s = (n-1) \cdot (1) + 1 - \frac{1}{n} = n - \frac{1}{n}$

所以 $M = \frac{n - 1/n}{n} = 1 - \frac{1}{n^2}.$

答案:(D).

9. 由题意得
$$x^9 - x = x(x^8 - 1) = x(x^4 + 1)(x^4 - 1)$$
$$= x(x^4 + 1)(x^2 + 1)(x + 1)(x - 1)$$

答案:(B).

10. 令 $R$ 表示整个旅程的平均速率,那么

$$R = \frac{150}{3\frac{1}{3}} = 45(\text{km/h})$$

$$r = \frac{300}{7\frac{1}{2}} = 40(\text{km/h})$$

$$R - r = 45 - 40 = 5(\text{km/h})$$

答案:(A).

11. 根为

$$\frac{p+1}{2} \text{ 及 } \frac{p-1}{2}$$

大根与小根的差为1.

答案:(B).

12. $(1-\frac{1}{a})^6$ 的展开式中末三项对应(逆序)于 $(-\frac{1}{a}+1)^6$ 的展开式中首三项,此等为 $1 - 6 \cdot \frac{1}{a} + 15(-\frac{1}{a})^2$ 这些关系的和为 $1 - 6 + 15 = 10$.

或完全展开得

$$1 - \frac{6}{a} + \frac{15}{a^2} - \frac{20}{a^3} + \frac{15}{a^4} - \frac{6}{a^5} + \frac{1}{a^6}$$

$$15 - 6 + 1 = 10$$

答案:(C).

13. $R, S$ 与 $T$ 之间的关系可表示为

$$R = k\frac{S}{T} \text{ 或 } \frac{RT}{S} = k$$

其中 $k$ 为常数,可由已给定数值算得

$$k = \frac{\frac{4}{3} \times \frac{9}{14}}{\frac{3}{7}} = 2$$

当 $R=(48)^{\frac{1}{2}}, T=(75)^{\frac{1}{2}}$,则

$$S = \frac{RT}{k} = \frac{(48)^{\frac{1}{2}}(75)^{\frac{1}{2}}}{2} = 30$$

答案:(B).

14. 由于

$$1+a+a^2+\cdots = \frac{1}{1-a}$$

当 $|a|<1$ 时,所需的极限和为

$$\frac{4}{1-(-\frac{2}{3})} = 2.4$$

答案:(B).

15. 如图,令顶点 $C$ 沿直线 $l_1$ 移动,对 $l_1$ 上顶点的任意位置 $C_1$ 而言,△$CAB$ 与 △$C_1AB$ 的重心 $G$ 与 $G_1$ 均具有 $CG=\frac{2}{3}CM$ 及 $C_1G_1=\frac{2}{3}C_1M$ 的性质,故直线 $GG_1$ 平行于直线 $CC_1$(若直线将一三角形的两边截面比例线段,则此直线平行于第三边). 因此,当 $C$ 沿 $l_1$ 移动时,$G$ 沿 $l_2$(平行于 $l_1$ 之直线)移动.

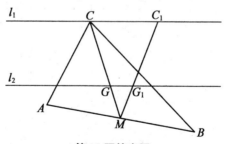

第15题答案图

答案:(D).

16. $R_1$ 的边为 2 cm 及 6 cm,且其对角线长平方 $d^2$ 等

于 $6^2+2^2=40$,由于矩形相似,故 $\dfrac{aR_2}{aR_1}=\dfrac{D_2}{d_1}$,所以

$$aR_2=\dfrac{225}{40}\times 12=\dfrac{135}{2}$$

答案:(C).

17. 由于

$$a=\log_8 225, 8^a=225, 2^{3a}=15^2$$
$$b=\log_2 15, 2^b=15, 2^{2b}=15^2$$

所以

$$2^{3a}=2^{2b}, 3a=2b, a=\dfrac{2b}{3}$$

答案:(B).

18. 此正十二边形,可分为 12 个全等三角形如图 $\triangle OAB$ 所示($AB$ 是正多边形的一边).

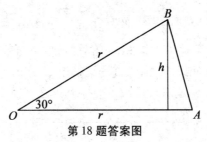

第 18 题答案图

$S_{\triangle OAB}$ 的面积 $=\dfrac{1}{2}rh=\dfrac{1}{2}r\cdot r\sin 30°=\dfrac{1}{2}r\cdot\dfrac{r}{2}=\dfrac{r^2}{4}$

所以十二边形的面积 $=12\cdot\dfrac{r^2}{4}=3r^2$.

答案:(A).

19. 将 $x,y$ 值代入方程,得三个 $a,b,c$ 的方程

$$a-b+c=12 \quad ①$$
$$c=5 \quad ②$$

$$4a+2b+c=-3 \qquad ③$$

解①,③得 $a=1, b=-6, c=5$,其和为 0.

答案:(C).

20. 令成级数的角度以 $a-2d, a-d, a, a+d, a+2d$ 来代替,则 $5a=540°$,所以 $a=108°$.

答案:(A).

21. 已知方程的系数,均为实数,故第二根必为 $3-2i$,

因此,根的积为 $\dfrac{s}{2}=(3+2i)(3-2i)$,所以 $s=26$.

或以 $3+2i$ 代 $x$,则
$$2(3+2i)^2+r(3+2i)+s=0$$
$$10+3r+s+i(24+2r)=0+0\cdot i$$

所以 $24+2r=0, r=-12$ 且 $10+3r+s=0, s=26$.

答案:(E).

22. 由题意得
$$121_b=1\cdot b^2+2\cdot b+1=b^2+2b+1=(b+1)^2$$

式 $(b+1)^2$ 当然是 $b$ 值的平方数,然而,由于以整数 $b$ 为底的最大可能之数字为 $b-1$,故 $b$ 可能的值不包括 1 和 2,所以 $b>2$ 为正确答案.

答案:D

23. 当 $\angle A$ 和 $\angle B$ 是锐角时,$\angle C$ 是锐角或直角或钝角时,$\triangle ABE$ 与 $\triangle CBD$ 相似,由于 $AB, CD, AE$ 为已知,便能求得 $CB$,今由毕氏定理知:因 $\triangle CBD$ 中的 $CB, CD$ 已知,故可求得 $DB$.

当 $\angle A$ 是钝角,同样的分析也是成立.

当 $\angle B$ 是钝角,$\triangle ABE$ 和 $\triangle ADC$ 相似.

根据上述的事实以及所给的长度,便能求到 $CA$,再由毕氏定理可求得,最后,$DB=AD-AB$.

当∠A或∠B任一为直角,有下列的解,前者DB = AB,后者情况,DB = 0.

答案:(E).

24. 既然 $\frac{1}{x}$ 代表三机器在一小时完成工作的分数部分,而第四部机器也是一样的. 故

$$\frac{1}{x+6} + \frac{1}{x+1} + \frac{1}{x+x} = \frac{1}{x}$$

化简为

$$\frac{1}{x+6} + \frac{1}{x+1} - \frac{1}{2x} = 0$$

所以

$$2x(x+1) + 2x(x+6) - (x+6)(x+1) = 0$$

所以

$$3x^2 + 7x - 6 = 0, x = \frac{2}{3}$$

答案:(A).

25. 由题意得,如图

$$r^2 = 4^2 + (8-r)^2$$
$$16r = 80$$
$$r = 5$$

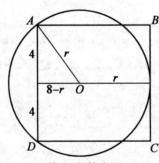

第25题答案图

答案:(C).

26. 式 $8x-3x^2$ 可化为

$$3(\frac{8}{3}x-x^2)=3(\frac{16}{9}-\frac{16}{9}+\frac{8}{3}x-x^2)$$
$$=3[\frac{16}{9}-(x-\frac{4}{3})^2]=\frac{16}{3}-3(x-\frac{4}{3})^2$$

故当 $-3(x-\frac{4}{3})^2=0$ 时,上式有极大值. 所以 $8x-3x^2$ 的极大值是 $\frac{16}{3}$.

或令 $y=-3x^2+8x$,此方程为抛物线,其最高点在 $(\frac{4}{3},\frac{16}{3})$,故 $-3x^2+8x$ 的极大值是 $\frac{16}{3}$.

答案:(E).

27. 式①的正确性是很明显的. 欲知式②成立,可由等式左边先选出 $b$ 与 $c$ 的大者再与 $a$ 比较而得的最大者,右边先选出 $a,b$ 的大者,再与 $c$ 比较而得的最大者.

欲知式③成立,首先假设 $a$ 为三数的最小者,那么,左边便选 $a$,右边括号中均选 $a$ 而两相等数 $a$ 的大者为 $a$,若 $b$ 或 $c$ 为最小者,就说 $b$,则左边选 $a$ 与 $c$ 的小者,右侧亦然. 若 $c$ 为最小,则亦同理可得.

答案:(E).

28. 两端取对数(以10为底),得
$$(\lg x)(\lg x)=3\lg x-\lg 100$$
或
$$(\lg x)^2-3\lg x+2=0$$
解此二次方程,令 $y=\lg x, y^2-3y+2=0$
$y=2$ 或 1,所以 $\lg x=2$ 或 1,所以

$$x = 10^2 = 100 \text{ 或 } x = 10^1 = 10$$

答案:(D).

29. 由题意得

$$2x^2 + x < 6, x^2 + \frac{x}{2} < 3, x^2 + \frac{x}{2} + \frac{1}{16} < 3 + \frac{1}{16}$$

$$(x + \frac{1}{4})^2 < \frac{49}{16}, |x + \frac{1}{4}| < \frac{7}{4}$$

即 $x + \frac{1}{4} < \frac{7}{4}$ 且 $x + \frac{1}{4} > -\frac{7}{4}$, 所以 $x < \frac{3}{2}$ 且 $x > -2$.

答案:(A).

30. 型 I.
既然 $\neg(p \wedge q) = \neg p \vee \neg q$, 叙述①,②,④均正确.
型 II.
叙述"$p$ 和 $q$ 均真"的否定是说:或 $p$ 真,$q$ 假,或 $p$ 假,$q$ 真,或 $p$ 且 $q$ 均假,所以②,③,④的叙述均真.

答案:(D).

31. 令 $N$ 和 $n$ 各代表两正多边形的边数,故其角度量间的关系可表成

$$\frac{(N-2)180°}{N} = \frac{3}{2} \cdot \frac{(n-2)180°}{n}$$

所以 $N = \frac{4n}{6-n}$. 欲求 $N$, 我们可假设 $n$ 的值为 $3,4,5$ (为什么?), 如此,我们便得 $n = 3, N = 4; N = 8; n = 5, N = 20$ 共三组答.

答案:(C).

32. 由于 $x_{k+1} = x_k + \frac{1}{2}$ 且 $x_1 = 1, x_2 = x_1 + \frac{1}{2} = \frac{3}{2}$,

$x_3 = x_2 + \frac{1}{2} = \frac{4}{2}, x_4 = x_3 + \frac{1}{2} = \frac{5}{2}, \cdots, x_n = \frac{n+1}{2}$.

故欲求的和为

$$\frac{2}{2}+\frac{3}{2}+\frac{4}{2}+\cdots+\frac{n+1}{2}$$
$$=\frac{1}{2}(2+3+\cdots+n+n+1)$$
$$=\frac{1}{2}(1+2+\cdots+n)+\frac{n}{2}$$
$$=\frac{1}{2}\cdot\frac{n(n+1)}{2}+\frac{n}{2}$$
$$=\frac{n^2+3n}{4}$$

答案:(E).

33. 不等式 $2 \leqslant |x-1| \leqslant 5$,意即,当 $x-1$ 是正值时,则 $x-1 \leqslant 5$,且 $x-1 \geqslant 2$,当 $x-1$ 是负值,则 $x-1 \geqslant -5$,且 $x-1 \leqslant -2$,依次解此四不等式,$x \leqslant 6$ 且 $x \geqslant 3$ 或 $3 \leqslant x \leqslant 6$,及 $x \geqslant -4$ 且 $x \leqslant -1$ 或 $-4 \leqslant x \leqslant -1$.

答案:(A).

34. 由于 $x = k^2(x^2 - 3x + 2)$,故 $k^2 x^2 - x(3k^2+1) + 2k^2 = 0$. 因为 $x$ 为实数,故判别式必大于或等于零,此即
$$k^2 + 6k^2 + 1 \geqslant 0$$
此对 $k$ 之任何值均正确.

答案:(E).

35. 如图,令 $x$ 为时针在此间所走的度数,那么在同样的间隔,分针走 $12x$ 度,但分针已走 $220+x$ 度,故 $220+x = 12x$ 或 $x = 20$,而分针走 $220+x = 240$,由于每走 $6°$ 对应 $1$ min 的间隔时间,故走过的时间为 $\frac{240}{6} = 40$.

第35题答案图

答案:(B).

36. $(x-8)(x-10)=2^y, x^2-18x+80-2^y=0$,所以

$$x=\frac{18\pm\left[(18)^2-4(80-2^y)\right]^{\frac{1}{2}}}{2}=9\pm(1+2^y)^{\frac{1}{2}}$$

当且仅当 $1+2^y$ 是整数 $n$ 的平方时, $x$ 是一整数,即 $1+2^y=n^2$ 或

$$2^y=n^2-1=(n-1)(n+1)$$

右边的二因数必为连续偶整数,因若它们两者均奇数,其积亦必奇数,而不能是 2 的倍数,此外,既 $(n-1)(n+1)$ 的积为 2 的倍数,故每一因数均应为 2 的倍数,可见唯一的一组连续偶整数,均不具有除 2 外之质因数者为 $(-4,-2)$ 和 $(2,4)$,即 $n=\pm 3$,在此各情况里 $n^2-1=8=2^y$,故 $y=3$,因此 $x=9\pm 9^{\frac{1}{2}}, x=12$ 或 $x=6$ 而两解 $(x,y)$ 为 $(12,3)$ 和 $(6,3)$.

答案:(C).

37. 如图令 $x$ 为 $AE$ 和 $AF$ 的长

$$S_{\triangle EGC}=\frac{1}{2}(1-x)(1)$$

$$S_{DFEG}=x\left[\frac{(1-x)+1}{2}\right]=\frac{1}{2}x(2-x)$$

所以面积

$$\frac{1}{2}S_{CDFE} = \frac{1}{2}(1+x-x^2)$$

$$= \frac{1}{2}[\frac{5}{4}-(x^2-x+\frac{1}{4})]$$

$$= \frac{5}{8}-\frac{1}{2}(x-\frac{1}{2})^2$$

此式的极大值是 $\frac{5}{8}$，可参照 26 题的解.

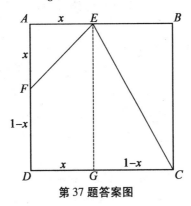

第 37 题答案图

答案:(D).

38. 令 $N$ 为最初人口总数，则

$$N=x^2, N+100=y^2+1 \text{ 且 } N+200=z^2$$

$x, y, z$ 均为整数，第二式减第一式得

$$100=y^2-x^2+1 \text{ 或 } y^2-x^2=99$$

所以 $(y+x)(y-x) = 99 \times 1$ 或 $33 \times 3$ 或 $11 \times 9$.

若 $y+x=99$ 且 $y-x=1$，则 $y=50, x=49$. 所以 $N = 49^2 = 2\,401$ 是 7 的乘方，进一步，$N+100 = 2\,501 = 50^2+1$ 且 $N+200 = 2\,601 = 51^2$ 以另二因数进行时，虽能满足第一和第二条件，但第三条件则不能.

答案:(B).

39. 既然四边形 $ADBG$ 的对角线互相平分,故 $ADBG$ 为平行四边形,如图所示

$$\frac{1}{2}S_{\square ADBG} = S_{\triangle ABC} = \frac{1}{3}S_{\triangle ABC} = (15)^{\frac{1}{2}}$$

$$\frac{1}{2}S_{\square ADBG} = S_{\triangle AGD}$$

$$= [s(s-a)(s-g)(s-d)]^{\frac{1}{2}}$$

其中 $a, g, d$ 是 $\triangle AGD$ 的边长,且

$$2s = a + g + d$$

由已知条件,得知

$$a = 2x, g = 4, d = 2, s = 3 + x$$

若将其代入上式,得 $[(3+x)(3-x)(x-1)(x+1)]^{\frac{1}{2}} = (15)^{\frac{1}{2}}$. 两边平方得

$$(x^2 - 1)(9 - x^2) = 15$$

或

$$x^4 - 10x^2 + 24 = (x^2 - 4)(x^2 - 6) = 0$$
$$x^2 = 4 \text{ 或 } 6$$

因此 $x = 2$ 或 $6^{\frac{1}{2}}$ 且 $CM = 6$ 或 $3(6)^{\frac{1}{2}}$. 由于中线长 $BP = 6$,且三角形的边不等,故必弃此解而保留 $CM = 3(6)^{\frac{1}{2}}$.

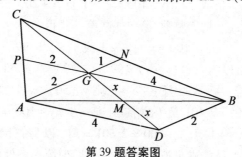

第39题答案图

答案:(C).

40. 所给出的无穷级数可写成

$$\frac{1}{10} + \frac{1}{10^2} + \frac{1}{10^3} + \frac{1}{10^4} + \cdots$$

$$+ \frac{1}{10^2} + \frac{1}{10^3} + \frac{1}{10^4} + \cdots$$

$$+ \frac{1}{10^3} + \frac{1}{10^4} \cdots$$

以此类推令 $s_1$ 为第一列式的极限和,$s_2$ 为第二列式的极限和,以此类推,则

$$s_1 = \frac{\frac{1}{10}}{1-(\frac{1}{10})} = \frac{1}{9}$$

$$s_2 = \frac{\frac{1}{10^2}}{1-(\frac{1}{10})} = \frac{1}{90}$$

$$s_3 = \frac{\frac{1}{10^3}}{1-(\frac{1}{10})} = \frac{1}{900}$$

以此类推,故所求的极限和为

$$\frac{1}{9} + \frac{1}{90} + \frac{1}{900} + \cdots = \frac{\frac{1}{9}}{1-(\frac{1}{10})} = \frac{10}{81}$$

答案:(B).

# 1963 年试题

## 第 4 章

### 1 第一部分

1. 下列点何者不是在 $y = \dfrac{x}{x+1}$ 的图形上( ).

 (A)$(0,0)$　　(B)$(-\dfrac{1}{2},-1)$

 (C)$(\dfrac{1}{2},\dfrac{1}{3})$　　(D)$(-1,1)$

 (E)$(-2,2)$

2. 设 $n = x - y^{x-y}$ 当 $x=2$ 与 $y=-2$ 时, $n$ 为( ).

 (A)$-14$　　(B)$0$

 (C)$1$　　(D)$18$

 (E)$256$

3. 若 $x+1$ 的倒数为 $x-1$, 则 $x$ 等于( ).

 (A)$0$　　(B)$1$

 (C)$-1$　　(D)$+1$ 或 $-1$

 (E)非上述的答案

4. 若方程组 $y = x^2$ 与 $y = 3x + k$ 有两同一解,则 $k$ 等于( ).

(A) $\dfrac{4}{9}$    (B) $-\dfrac{4}{9}$    (C) $\dfrac{9}{4}$    (D) $-\dfrac{9}{4}$

(E) $\dfrac{9}{4}$ 或 $-\dfrac{9}{4}$

5. 若 $x$ 与 $\lg x$ 为实数且 $\lg x < 0$,则( ).
(A) $x < 0$           (B) $-1 < x < 1$
(C) $0 < x \leqslant 1$      (D) $-1 < x < 0$
(E) $0 < x < 1$

6. $\triangle ABD$,$\angle B$ 为直角,在 $AD$ 上有一点 $C$ 使 $AC = CD$ 且 $AB = BC$ 则 $\angle DAB$ 的度量为( ).

(A) $67\dfrac{1}{2}°$   (B) $60°$   (C) $45°$   (D) $30°$

(E) $22\dfrac{1}{2}°$

7. 已知四方程:
(1) $3y - 2x = 12$      (2) $-2x - 3y = 10$
(3) $3y + 2x = 12$      (4) $2y + 3x = 10$
表垂直的两直线为( ).
(A) (1) 与 (4)        (B) (1) 与 (3)
(C) (1) 与 (2)        (D) (2) 与 (4)
(E) (2) 与 (3)

8. 设 $N$ 为一整数,使 $1\,260x = N^3$ 的最小正整数 $x$ 为( ).
(A) $1\,050$   (B) $1\,260$   (C) $1\,260^2$   (D) $7\,350$
(E) $44\,100$

9. 在展开 $\left(a - \dfrac{1}{\sqrt{a}}\right)^7$ 的式中,$a^{-\frac{1}{2}}$ 的系数为( ).

(A) $-7$　(B) $7$　(C) $-21$　(D) $21$
(E) $35$

10. 自边长为 $a$ 的正方形内部取点 $P$，且使之距两相邻顶点及此等顶点的对边等距，若 $d$ 表此共同距离，则 $d$ 等于(　).

(A) $\dfrac{3a}{5}$　(B) $\dfrac{5a}{8}$　(C) $\dfrac{3a}{8}$　(D) $\dfrac{a\sqrt{2}}{2}$
(E) $\dfrac{a}{2}$

11. 有 50 个数的集合，其算术平均为 38，若此集合的两数 45 与 55 弃掉，则剩余的数所成的集合，其算术平均为(　).
(A) 38.5　(B) 37.5　(C) 37　(D) 36.5
(E) 36

12. ▱PQRS 的三顶点 $P(-3,-2), Q(1,-5), R(9,1)$ 其中 $P$ 与 $R$ 对顶，则顶点 $S$ 的坐标和为(　).
(A) 13　(B) 12　(C) 11　(D) 10
(E) 9

13. 若 $2^a+2^b=3^c+3^d$，则整数 $a,b,c,d$ 有几个可为负的(　).
(A) 4　(B) 3　(C) 2　(D) 1
(E) 0

14. 已知方程 $x^2+kx+6=0$ 与 $x^2-kx+6=0$，当适当地将此等方程的根列出，若第二方程的各根均比第一方程的对应根多 5，则 $k$ 等于(　).
(A) 5　(B) $-5$　(C) 7　(D) $-7$
(E) 非上述的答案

15. 一圆内接于一正三角形，而正方形内接于此圆，则此三角形与此正方形面积的比为( ).

(A)$\sqrt{3}:1$　　(B)$\sqrt{3}:\sqrt{2}$

(C)$3\sqrt{3}:2$　　(D)$3:\sqrt{2}$

(E)$3:2\sqrt{2}$

16. 三个异于零的数 $a,b,c$ 形成一算术级数. 当 $a$ 增加 1 或 $c$ 增加 2 时,此三数成一几何级数,则 $b$ 等于( ).

(A)16　(B)14　(C)12　(D)10

(E)8

17. 设 $a$ 为实数且 $a \neq 0$,式

$$\left(\frac{a}{a+y}+\frac{y}{a-y}\right) \Big/ \left(\frac{y}{a+y}-\frac{a}{a-y}\right)$$

的值为 $-1$,是对下列何者而言( ).

(A)除 $y$ 的两实值外的所有实值

(B)仅 $y$ 的两实值　　(C)$y$ 的所有实值

(D)仅 $y$ 的一实值　　(E)无 $y$ 的实值

18. 如图,弦 $EF$ 垂直平分弦 $BC$,垂足为 $M$,介于 $B$ 与 $M$ 之间取一点 $U$,且 $EU$ 延长交圆于 $A$,对 $U$ 的任何选取,如上述,则 $\triangle EUM$ 相似于( ).

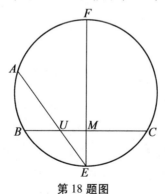

第18题图

(A) △EFA  (B) △EFC
(C) △ABM  (D) △ABU
(E) △FMC

19. 在算 n 个有色球时,其中有红与黑,发现已算的首 50 个中 49 个是红的. 以后,已算的每 8 个中有 7 个是红的. 总计,若已算的球中有 90% 或多是红的,则 n 的极大值为(  ).
(A) 225  (B) 210  (C) 200  (D) 180
(E) 175

20. 两人分在相距 76 km 的两点 R 与 S 同时相向而行,在 R 处的人以每小时 $4\frac{1}{2}$ km 的速率均匀步行,在 S 处的人以每小时 $3\frac{1}{4}$ km 固定的速率步行第一小时,以每小时 $3\frac{3}{4}$ km 的速率步行第二小时,似此依算术级数进行,若两人在比起 S 较近于 R 的 X km 处相遇,而所费时间恰为一整数小时,则 x 为(  ).
(A) 10  (B) 8  (C) 6  (D) 4
(E) 2

## 2 第二部分

21. 式 $x^2 - y^2 - z^2 + 2yz + x + y - z$ (  ).
(A) 没有整系数与整指数的一次因式
(B) 有因式 $-x + y + z$   (C) 有因式 $x - y - z + 1$
(D) 有因式 $x + y - z + 1$  (E) 有因式 $x - y + z + 1$

22. 锐角 $\triangle ABC$ 内接于一圆,中心为 $O$,$\overset{\frown}{AB}=120°$,$\overset{\frown}{BC}=72°$,自劣弧 $\overset{\frown}{AC}$ 上取一点 $E$ 使 $OE$ 垂直 $AC$,则 $\angle OBE$ 与 $\angle BAC$ 的比为(  ).

(A) $\dfrac{5}{18}$  (B) $\dfrac{2}{9}$  (C) $\dfrac{1}{4}$  (D) $\dfrac{1}{3}$

(E) $\dfrac{4}{9}$

23. $A$ 给予 $B$ 相当 $B$ 有的钱,而给予 $C$ 相当 $C$ 有的钱.之后,与此相同,$B$ 给予 $A$ 与 $C$ 各相当其本身有的钱,然后,$C$ 也同样的,给予 $A$ 与 $B$ 各如其本身有的钱,若最后大家各有 16 元,则 $A$ 最初有多少元(  ).

(A) 24  (B) 26  (C) 28  (D) 30
(E) 32

24. 考虑形如 $x^2+bx+c=0$ 的方程,若系数 $b$ 与 $c$ 为集合 $\{1,2,3,4,5,6\}$ 的元素,则有实根的如此方程有多少(  ).

(A) 20  (B) 19  (C) 18  (D) 17
(E) 16

25. 如图自正方形 $ABCD$ 的一边 $AD$ 上取一点 $F$,过 $C$ 作 $CF$ 的垂线交 $AB$ 的延长线于 $E$,若正方形 $ABCD$ 的面积为 256 而 $\triangle CEF$ 之面积为 200,则 $BE$ 的长为(  ).

(A) 12  (B) 14  (C) 15  (D) 16
(E) 20

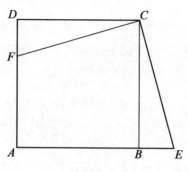

第25题图

26. 型 I

考虑叙述

$$p \wedge \neg q \wedge r \qquad ①$$
$$\neg p \wedge \neg q \wedge r \qquad ②$$
$$p \wedge \neg q \wedge \neg r \qquad ③$$
$$\neg p \wedge q \wedge r \qquad ④$$

其中 $p,q$ 与 $r$ 为命题,问此中有多少可以推出 $(p \to q) \to r$ 正确(　　).

(A)0　　(B)1　　(C)2　　(D)3
(E)4

型 II

考虑叙述 ①$p$ 与 $r$ 为真且 $q$ 为假;②$r$ 为真而 $p$ 与 $q$ 为假;③$p$ 为真而 $q$ 与 $r$ 为假;④$q$ 与 $r$ 为真而 $p$ 为假问此中有多少可推出叙述"$r$ 可由叙述'$p$ 推出 $q$'推得"为真(　　).

(A)0　　(B)1　　(C)2　　(D)3
(E)4

27. 六条直线在一平面内,既无二者平行,亦无三者共点,则区分此平面所成的区域数为(　　).

(A)16　　(B)20　　(C)22　　(D)24

(E) 26

28. 已知方程 $3x^2-4x+k=0$ 有实根,若此方程的两根的乘积为最大,则 $k$ 的值为( ).

(A) $\dfrac{16}{9}$ (B) $\dfrac{16}{3}$ (C) $\dfrac{4}{9}$ (D) $\dfrac{4}{3}$

(E) $-\dfrac{4}{3}$

29. 一质点垂直向上抛,经 $t$ s 后,高度为 $s$ m,其中 $s = 160t - 16t^2$,此质点能达的最高点为( ).
   (A) 800 (B) 640 (C) 400 (D) 320
   (E) 160

30. 设
$$F = \log \dfrac{1+x}{1-x}$$
将式中的每一 $x$ 以 $\dfrac{3x+x^3}{1+3x^2}$ 代替可得一新函数 $G$,将此函数 $G$ 化简后可等于( ).
   (A) $-F$ (B) $F$ (C) $3F$ (D) $F^2$
   (E) $F^3 - F$

## 3 第三部分

31. $2x+3y=763$ 的正整数解共有几组( ).
    (A) 255 (B) 254 (C) 128 (D) 127
    (E) 0

32. 一矩形 $R$ 的边长为 $a$ 与 $b$,$a<b$,欲得边长为 $x$ 与 $y$ 一矩形的矩形,其中 $x<a, y<a$,使其周长为 $R$ 的周长的三分之一,而其面积为 $R$ 的面积的三分之

一,如此(不同)的矩形共有几个( ).
(A)0  (B)1  (C)2  (D)4
(E)无限多

33. 已知直线 $y = \frac{3}{4}x + 6$,今有一直线 $L$ 平行于此已给直线且相距4单位,$L$ 的一可能方程为( ).

(A) $y = \frac{3}{4}x + 1$       (B) $y = \frac{3}{4}x$

(C) $y = \frac{3}{4}x - \frac{2}{3}$    (D) $y = \frac{3}{4}x - 1$

(E) $y = \frac{3}{4}x + 2$

34. 于 $\triangle ABC$ 中,$BC = \sqrt{3}$,$AC = \sqrt{3}$,而 $AB > 3$,设 $x$ 为最大的数使得 $\angle C$ 的度量超过 $x$,则 $x$ 等于( ).
(A)150°  (B)120°  (C)105°  (D)90°
(E)60°

35. 一三角形的边长为整数,且其面积也是整数,若一边长为21,而周长为48,则最短边的长为( ).
(A)8  (B)10  (C)12  (D)14
(E)16

36. 某人最初有64元,和人打赌六次,结果赢三次,输三次,惟次序随意,又赢的机会与输的机会相等,若赌金是每一赌时余钱的一半,则最后的结果是( ).
(A)输了27元       (B)赢了27元
(C)输了37元       (D)不赢也不输
(E)输、赢依据输赢所发生的次序而定

37. 已知一直线上依序有7点 $P_1, P_2, P_3, P_4, P_5, P_6, P_7$(未必等距),设 $P$ 为直线上任意选取的一点,并设

$S$ 表线段 $PP_1, PP_2, \cdots, PP_7$ 的长的和.
当且仅当点 $P$ 的位置如何,则 $S$ 为最小(　　).
(A)介于 $P_1$ 与 $P_7$ 的中点
(B)介于 $P_2$ 与 $P_6$ 的中点
(C)介于 $P_3$ 与 $P_5$ 的中点
(D)在 $P_4$　　(E)在 $P_1$

38. 自 $\square ABCD$ 的边如图 $AD$ 延长线上取一点 $F$, $BF$ 交 $AC$ 与 $CD$ 分别于 $E,G$,若 $EF=32, GF=24$,则 $BE$ 等于(　　).

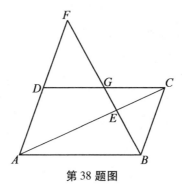

第38题图

(A)4　　(B)8　　(C)10　　(D)12
(E)16

39. 如图,在 $\triangle ABC$ 中,作 $CE$ 与 $AD$,使
$$\frac{CD}{DB}=\frac{3}{1}, \frac{AE}{EB}=\frac{3}{2}$$
设 $r=\frac{CP}{PE}$,其中 $P$ 为 $CE$ 与 $AD$ 的交点,则 $r$ 等于(　　).

(A)3　　(B)$\frac{3}{2}$　　(C)4　　(D)5

(E) $\dfrac{5}{2}$

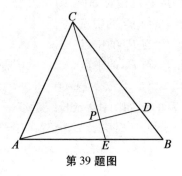

第39题图

40. 若 $x$ 为满足 $\sqrt[3]{x+9} - \sqrt[3]{x-9} = 3$ 的一数，则 $x^2$ 介于（　　）．

(A) 55 与 65　　　　(B) 65 与 75
(C) 75 与 85　　　　(D) 85 与 95
(E) 95 与 105

## 4　答　案

1. (D)　2. (A)　3. (E)　4. (D)　5. (E)　6. (B)
7. (A)　8. (D)　9. (C)　10. (B)　11. (B)
12. (E)　13. (E)　14. (A)　15. (C)　16. (C)
17. (A)　18. (A)　19. (B)　20. (D)　21. (E)
22. (D)　23. (B)　24. (B)　25. (A)　26. (E)
27. (C)　28. (D)　29. (C)　30. (C)　31. (D)
32. (A)　33. (A)　34. (B)　35. (B)　36. (C)
37. (D)　38. (E)　39. (D)　40. (C)

## 5　1963 年试题解答

1. 由于 $\dfrac{x}{x+1}$，当分母为零没有定义，而且由于当 $x=-1$ 时，分母为零，故任何点的横坐标为 $-1$ 者，如 $(-1, 1)$，不可能在图形上.

   答案：(D).

2. 由题意得
$$n = 2 - (-2)^{2-(-2)} = 2 - (-2)^4 = 2 - 16 = -14$$
   答案：(A).

3. 由于
$$\frac{1}{x+1} = x - 1, \quad x^2 - 1 = 1, \quad x^2 = 2$$
   所以 $x = +\sqrt{2}$ 或 $-\sqrt{2}$.

   答案：(E).

4. 因 $x^2 = 3x + k$ 有两个等根，故其判别式为 $9 + 4k = 0$，所以 $k = -\dfrac{9}{4}$.

   答案：(D)

5. 由于负实数的对数没有定义，故 (A)，(B)，(D) 不合，(C) 亦不合，因 $\log 1 = 0$，(E) 是正确的选择，因对 $0 < x < 1$，$\log x$ 存在且为负实数.

   或已知 $\lg x < 0$，故 $x < 10^0 (=1)$，此结果再配合 $\log x$ 仅对 $x > 0$ 定义，便可导出 (E) 的选择.

   答案：(E).

6. $BC$ 是斜边 $AD$ 上的中线，故 $BC = \dfrac{1}{2}AD$. 所以 $AB =$

$BC = AC$, 故 $\angle DAB$ 的度量是 $60°$.

答案: (B).

7. 当斜率是 $-1$ 时,两线成垂直. 既然,斜率各为 $\dfrac{2}{3}$, $-\dfrac{2}{3}$, $-\dfrac{2}{3}$, $-\dfrac{3}{2}$, 且 $\left(\dfrac{2}{3}\right)\left(-\dfrac{3}{2}\right) = -1$, 故 (1) 和 (4) 互相垂直.

或当
$$a_1 a_2 + b_1 b_2 = 0$$
两线 $a_1 x + b_1 y = c_1$ 和 $a_2 x + b_2 y = c_2$ 垂直, 在 (1) 中 $a_1 = -2, b_1 = 3,$ 且 (4) 中, $a_2 = 3, b_2 = 2$

故
$$a_1 a_2 + b_1 b_2 = -6 + 6 = 0$$

答案: (A).

8. 由题意得
$$1\,260 x = (2 \times 2 \times 3 \times 3 \times 5 \times 7)x$$
仅当各相异质因数之指数为 3 时,上数便可为一立方数,故
$$x = 2 \times 3 \times 5^2 \times 7^2 = 7\,350$$
为最小的 $x$, 使 $1\,260 x$ 是立方.

答案: (D).

9. 由题意得
$$\left(a - \dfrac{1}{a^{\frac{1}{2}}}\right)^7 = a^7 - 7a^{\frac{11}{2}} + 21 a^4 - 35 a^{\frac{5}{2}} + 35 a - 21 a^{-\frac{1}{2}} + 7 a^{-2} - a^{-\frac{7}{2}}$$

或
第 $(r+1)$ 项 $= \binom{7}{r} a^{7-r} \left(-a^{-\frac{1}{2}}\right)^r = \pm \binom{7}{r} a^{7-r-\frac{r}{2}}$

故须

$$a^{7-r-\frac{r}{2}} = a^{-\frac{1}{2}}, 7 - \frac{3}{2}r = -\frac{1}{2}, r = 5$$

所以第六项 $= \dfrac{7 \times 6 \times 5 \times 4 \times 3}{1 \times 2 \times 3 \times 4 \times 5} a^2 (-a)^{-\frac{5}{2}} = -21a^{-\frac{1}{2}}$

答案:(C).

10. 由题意得,如图

$$\left(\frac{a}{2}\right)^2 + (a-d)^2 = d^2, d = \frac{5a}{8}$$

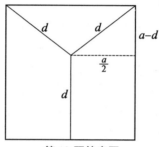

第10题答案图

答案:(B).

11. 由于 50 个数算术平均为 38,故其和为 $50 \times 38 = 1\,900$,当 45 和 55 两数去掉,则所余 48 个数的和为 1 800,所以,它们的算术平均是 $\dfrac{1\,800}{48} = 37.5$.

或

$$\begin{aligned}
a_1 + a_2 + \cdots + a_{48} + 100 &= 50 \times 38 = 50(36 + 2) \\
&= 50 \times 36 + 50 \times 2
\end{aligned}$$

所以 $a_1 + a_2 + \cdots + a_{48} = 50 \times 36$.

所以新算术平均数 $= \dfrac{50 \times 36}{48} = 37.5$.

答案:(B).

12. $P$ 和 $R$ 的 $x$ 坐标和等于 $Q$ 和 $S$ 的 $x$ 坐标,对 $y$ 坐标亦相同,所以 $x+1=6, x=5$,且 $y-5=-1, y=4$,所以
$$x+y=9$$
或令 $S_x$ 为 $S$ 的 $x$ 坐标,而 $S_y$ 为 $S$ 的 $y$ 坐标,同样的,对 $P, Q$ 与 $R$ 亦同,那么,由全等三角形,得
$$Q_x - R_x = P_x - S_x, 1-9 = -3 - S_x, S_x = 5$$
同样的,$S_y = 4$,所以 $S_x + S_y = 9$.

答案:(E).

13. 我们将陆续证明下列情形不成立的.(1)整数 $a, b, c, d$ 中恰有一是负数,(2)恰有两个是负数,(3)恰有三个是负数,(4)四个均为负数. 最后,结论是四个都不是负数,当我们假定 $a, b, c$ 或 $d$ 是负数,则令 $-a = \alpha, -b = \beta, -c = \gamma, -d = \delta$ 使得这些希腊字母均代表正整数.

(1)如果四数中恰有一负数,方程 $2^a + 2^b = 3^c + 3^d$ 的一端必是整数,另一端则否,故不成立.

(2)①若 $a<0, b<0$ 且 $c \geq 0, d \geq 0$,则右边是一整数 $\geq 2$,而左边的最大值可以是 1.(因为 $a = b = -1$)

②若 $c<0, d<0$ 且 $a \geq 0, b \geq 0$ 左边最少是 2,而右边最大是 $\frac{2}{3}$.

③若 $a<0, c<0$ 且 $b \geq 0, d \geq 0$,我们可写成
$$\frac{1}{2^\alpha} - \frac{1}{3^\gamma} = \frac{3^\gamma - 2^\alpha}{2^\alpha 3^\gamma} = 3^d - 2^b = n \text{（是一整数）}$$
或
$$3^\gamma - 2^\alpha = 2^\alpha 3^\gamma n$$

此方程的右边是偶数,左边为奇数(即为一偶,一奇之差). 情况 $b<0, d<0, a\geq 0, c\geq 0$,亦可仿上处理.

(3) 考察下列两种情况即是(A)仅 $a\geq 0$, (B)仅 $c\geq 0$, 在(A)的情况下,可写成

$$2^\alpha = \frac{1}{3^\gamma} + \frac{1}{3^\delta} - \frac{1}{2^\beta} = \frac{2^\beta 3^\delta + 2^\beta 3^\gamma - 3^{\gamma+\delta}}{2^\beta 3^{\gamma+\delta}} = n \text{（一整数）}$$

或

$$2^\beta(3^\delta + 3^\gamma) - 3^{\gamma+\delta} = 2^\beta 3^{\gamma+\delta} n$$

左边的整数是奇数,右边是偶数. 在(B)的情况下可写成

$$3^\gamma = \frac{1}{2^\alpha} + \frac{1}{2^\beta} - \frac{1}{3^\gamma} = \frac{2^\beta 3^\delta + 2^\alpha 3^\delta - 2^{\alpha+\beta}}{2^{\alpha+\beta} 3^\delta}$$
$$= n \text{（一整数）}$$

或

$$3^\delta(2^\alpha + 2^\beta) - 2^{\alpha+\beta} = 2^{\alpha+\beta} 3^{\delta n}$$

右边的整数能被 3 除尽,左边则否.

(4) 若所有整数是负数,则可写成

$$\frac{1}{2^\alpha} + \frac{1}{2^\beta} = \frac{1}{3^\gamma} + \frac{1}{3^\delta}$$

或

$$(2^\alpha + 2^\beta)3^{\gamma+\delta} = (3^\gamma + 3^\delta)2^{\alpha+\beta}$$

若 $\alpha \neq \beta$,而 $\alpha > \beta$,化简方程至

$$(1 + 2^{\beta-\alpha})3^{\gamma+\delta} = (3^\gamma + 3^\delta)2^{2\beta}$$

其中左边为奇数,右边为偶数. 若 $\alpha = \beta$,则方程变为

$$2^{\alpha+1}3^{\gamma+\delta} = (3^\gamma + 3^\delta)2^{2\alpha}$$

当 $\alpha = 1$, 此同义于 $3^\gamma \cdot 3^\delta = 3^\gamma + 3^\delta$, 但此对所有的 $\gamma, \delta$ 为不成立. 当 $\alpha > 1$, 则 $\alpha - 1 > 0$, 则上方程变为

$$3^{\gamma+\delta} = 2^{\alpha-1}(3^\gamma + 3^\delta)$$

乃表奇数等于偶数.

上述诸情况的可能情形均被消掉.

答案:(E).

14. 令第一方程的根为 $r$ 和 $s$,则 $r+s=-k$,且 $rs=6$,则对第二方程来说,$r+5+s+5=k$ 且
$$(r+5) \cdot (s+5) = 6$$
所以 $rs+5(r+s)+25=6, 6+5(-k)+25=6$,$k=5$ 或令 $r$ 为第一方程的一根,则 $r+5$ 是第二方程所属的一根,所以
$$(r+5)^2 - k(r+5) + 6 = 0$$
$$r^2 + (10-k)r + 31 - 5k = 0$$
但 $r$ 满足第一方程,故 $r^2+kr+6=0$,所以
$$10-k=k \text{ 且 } 31-5k=6$$
上二方程的解均为 $k=5$.

答案:(A).

15. 令 $S, s, r$ 各代表正三角形、正方形一边长及圆的半径,则 $S=2r\sqrt{3}$ 且 $s=r\sqrt{2}$,故三角形的面积是
$$\frac{(2r\sqrt{3})^2 \sqrt{3}}{4} = (3\sqrt{3}r^2)$$
正方形的面积是 $(r\sqrt{2})^2 = (2r^2)$,所以所求的比为 $3\sqrt{3}:2$.

答案:(C).

16. 既然 $a, b, c$ 成 A.P. 所以
$$2b = a + c$$
既然 $a+1, b, c$ 成 G.P. 所以 $b^2 = c(a+1)$. 同样地 $b^2 = a(c+2)$,所以
$$c = 2a, a = \frac{2}{3}b, b^2 = \frac{8}{9}b^2 + \frac{4}{3}b$$

所以 $b=12$.

答案:(C).

17. 所给式对 $y=a$ 或 $y=-a$ 并没定义其他的值,可用 $(a+y)(a-y)$ 乘分子、分母,而化简,故

$$\frac{a^2-ay+ay+y^2}{ay-y^2-a^2-ay}=\frac{a^2+y^2}{-(a^2+y^2)}=-1$$

答案:(A).

18. △EFA 是直角三角形(因 EF 是直径),以 ∠E 为锐角之一,△EUM 是直角三角形,以 ∠E 为锐角之一. 所以 △EFA∽△EUM.

答案:(A).

19. $\dfrac{49+\dfrac{7}{8}(n-50)}{n} \geqslant \dfrac{9}{10}$,所以 $n \leqslant 210$.

答案:(B).

20. 令 $h$ 等于它们相遇时的数,那么

$$\frac{9}{2}h+\frac{1}{2}h[2\times\frac{13}{4}+(h-1)\frac{1}{2}]=76$$

$$h^2+30h-304=0, h=8$$

因此,相遇点是离 $R$ 36 km,离 $S$ 40 km,故 $x=4$. 若 $h$ 不是整数,应如何解此问题?

答案:(D).

21. 由题意得

$$x^2-y^2-z^2+2yz+x+y-z$$
$$=x^2-(y^2-2yz+z^2)+x+y-z$$
$$=x^2-(y-z)^2+x+y-z$$
$$=(x+y-z)(x-y+z)+x+y-z$$
$$=(x+y-z)(x-y+z+1)$$

答案:(E).

22. 由题意得

$$\text{劣弧}\overset{\frown}{AC} = 360° - (120° + 72°) = 168°$$

且

$$\angle BOE = 72° + \frac{168°}{2} = 156°$$

于等腰 $\triangle EOB$ 中,两底角度量为 $\frac{1}{2}(180° - 156°) = 12°$. $\angle BAC = \frac{1}{2} \times 72° = 36°$,故 $\frac{\angle OBE}{\angle BAC} = \frac{12°}{36°} = \frac{1}{3}$.

答案:(D).

23. 若 $a, b, c$ 各表 $A, B, C$ 的初量,则所给条件可导出下列结果:

|   | A 有 | B 有 | C 有 |
|---|---|---|---|
| Ⅰ | $a-b-c$ | $2b$ | $2c$ |
| Ⅱ | $2(a-b-c)$ | $2b-(a-b-c)-2c$ $=3b-a-c$ | $4c$ |
| Ⅲ | $4(a-b-c)$ | $2(3b-a-c)$ | $4c-2(a-b-c)-(3b-a-c)$ $=7c-a-b$ |

结果,$4(a-b-c)=16, 6b-2a-2c=16, 7c-a-b=16$. 解方程得 $a=26, b=14, c=8$.

或由末条逆导回去,则我们可得下表

23 题答案表

| 数目 | 第 4 步 | 第 3 步 | 第 2 步 | 第 1 步 |
|---|---|---|---|---|
| $a$ | 16 | 8 | 4 | 26(所求的) |
| $b$ | 16 | 8 | 28 | 14 |
| $c$ | 16 | 32 | 16 | 8 |

答案:(B).

第4章 1963年试题

24. 若 $b^2-4c \geqslant 0$，则为实根，表列可能情况，共得19种，如表.

**24题答案表**

| 当$c$被选为 | 6 | 6 | 5 | 5 | 4 | 4 | 4 | 3 | 3 | 3 | 2 | 2 | 2 | 2 | 1 | 1 | 1 | 1 | 1 |
|---|---|---|---|---|---|---|---|---|---|---|---|---|---|---|---|---|---|---|---|
| 可能的值为 | 5 | 6 | 5 | 6 | 4 | 5 | 6 | 4 | 5 | 6 | 3 | 4 | 5 | 6 | 2 | 3 | 4 | 5 | 6 |
| $b$可能的值为 | 2 | 2 | 3 | 3 | 3 | 3 | 3 | 4 | 4 | 4 | 4 | 4 | 4 | 4 | 5 | 5 | 5 | 5 | 5 |

答案：(B)．

25. 由题意得

$$\triangle CDF \cong \triangle CBE (CD = CB, \angle DCF = \angle BCE)$$

所以

$$CF = CE$$

$$S_{\triangle CEF} = \frac{1}{2} CE \cdot CF = \frac{1}{2} CE^2 = 200$$

所以

$$CE^2 = 400$$

$$\text{正方形面积} = CB^2 = 256$$

由于

$$BE^2 = CE^2 - CB^2 = 400 - 256 = 144$$

所以 $BE = 12$．

答案：(A)．

26. 蕴涵关系$(p \to q) \longrightarrow r$ 为真，当(1)结果 $r$ 是真且其前提 $p \longrightarrow q$ 是真或假，与(2)结果是假，前提亦是假时．

$p \longrightarrow q$ 是真，当(1)结果 $q$ 是真，前提 $p$ 是真或假与(2)结果是假，前提亦是假时．

在①中，$p \longrightarrow q$ 是假，$r$ 是真，则$(p \to q) \longrightarrow r$ 是真.

在②中，$p \longrightarrow q$ 是真，$r$ 是真，则$(p \to q) \longrightarrow r$ 是真.

在③中,$p \longrightarrow q$ 是假,$r$ 是假,则 $(p \rightarrow q) \longrightarrow r$ 是真.

在④中,$p \longrightarrow q$ 是真,$r$ 是真,则 $(p \rightarrow q) \longrightarrow r$ 是真.

答案:(E).

27. 令 $n$ 为线的数目,$r$ 为区域数目. 不难发现法则

$$r = \frac{1}{2}n(n+1) + 1$$

当 $n = 6$ 时,$r = \frac{1}{2} \times 6 \times 7 + 1 = 22$.

提示:(1)一线平分面成二区域,即区域数较多 1;
(2)注意当加一线时,则区域数如何变化.

答案:(C).

28. 当此二数的和为一定量时,此两数目的积,当各数等于和的一半为最大,既然根的和是 $\frac{4}{3}$,当各根为 $\frac{2}{3}$ 时,其最大的积为 $\frac{4}{9}$,所以 $\frac{k}{3} = \frac{4}{9}$,所以 $k = \frac{4}{3}$.

或由已知方程解 $\frac{k}{3}$ 来,即

$$\frac{k}{3} = \frac{4}{3}x - x^2 = \frac{4}{9} - \left(\frac{2}{3} - x\right)^2$$

当 $x = \frac{2}{3}$ 时,上式得最大值,故当 $x = \frac{2}{3}$ 时,$\frac{k}{3}$ 有最大值,故 $\frac{k}{3}$(最大) $= \frac{4}{3} \times \frac{2}{3} - \frac{4}{9} = \frac{4}{9}$,所以 $k$(最大) $= \frac{4}{3}$.

或已知根的积为 $\frac{k}{3}$,求出的已给方程的实根而 $k$ 有

最大可能值. 因实根的原故, 所以 $16-12k \geqslant 0$, 所以 $\frac{4}{3} \geqslant k$, 故所求的 $k$ 是 $\frac{4}{3}$.

答案: (D).

29. 在抛物线 $ax^2+bx+c$ 上最高(或最低)点的横坐标是 $-\frac{b}{2a}$. 对已给抛物线 $160t-16t^2$ 而言, $-\frac{b}{2a} = \frac{-160}{-32} = 5$, 当 $t=5$ 时, $s=400$.

或既然

$$s=160t-16t^2$$
$$x=400-400+160t-16t^2=400-16(5-t)^2$$

当 $5-t=0$ 时, 方程的右边有最大值. 因此

$$s(最大)=400$$

答案: (C).

30. 既然

$$\frac{1+\frac{3x+x^3}{1+3x^2}}{1-\frac{3x+x^3}{1+3x^2}} = \frac{1+3x+3x^2+x^3}{1-3x+3x^2-x^3} = \frac{(1+x)^3}{(1-x)^3} = (\frac{1+x}{1-x})^3$$

故得 $G = \log(\frac{1+x}{1-x})^3 = 3\log\frac{1+x}{1-x} = 3F$.

答案: (C).

31. 解 $2x+3y=763$ 中的 $x$, 则 $x=\frac{763-3y}{2}$.

既然 $x$ 为正整数, 故 $763-3y$ 必正偶数. 因此 $y$ 须是正奇数, 且 $3y \leqslant 763$, 3 的倍数中小于 763 者共有 254 个, 其中一半为一偶数倍数, 而一半为奇数倍数, 所以, 有 127 种可能的解.

或

$$2x+3y=763, x+y+\frac{1}{2}y=381+\frac{1}{2}$$

所以 $\frac{1}{2}y=N+\frac{1}{2}, y=2N+1$,所以 $x=380-3N$.

即 $380-3N>0$,则 $N<126\frac{2}{3}$,故 $N=0,1,2,\cdots,$ 126 总共有 127 解.

答案:(D).

32. 由已知条件,得 $3(x+y)=a+b$ 且 $3xy=ab$. 各边相除,得 $\frac{1}{y}+\frac{1}{x}=\frac{1}{b}+\frac{1}{a}$. 因 $x<a<b$ 且 $y<a<b$, 所以上等式不可能成立.

答案:(A).

33. 有两种可能性 $L_1$ 和 $L_2$,求 $L_1$ 和 $L_2$ 方程的方法相同,既然 $L_1$ 平行于直线 $y=\frac{3}{4}x+6$,故其方程为 $y=\frac{3}{4}x+b$,其中 $b$ 为 $y$ 截距,既然 $\triangle ABC \sim \triangle DAO$. (如图) $\frac{AB}{AD}=\frac{AC}{DO}$,因此 $\frac{AB}{10}=\frac{4}{8}$ 且 $AB=5$,所以 $b=1$,而 $L_1$ 方程为 $y=\frac{3}{4}x+1$.

或令 $d_1$ 为原点至 $L_1$ 的距离,$d$ 为原点至所给予线的距离,则 $d_1=\frac{4b}{5}$ 且 $d=\frac{24}{5}$,所以

$$d-d_1=\frac{24}{5}-\frac{4b}{5}=4$$

所以 $b=1$.

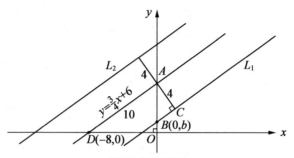

第33题答案图

答案:(A).

34. 在等腰 $\triangle ABC$ 中,顶角 $C$ 对底边 $c$,当 $c$ 增大时,$a = b = \sqrt{3}$ 亦增大,既然 $c > 3$,故以 $a' = b' = \sqrt{3}$ 且 $c' = 3$ 为边的 $\triangle A'B'C'$ 中 $C >$ 顶角 $C'$,高 $C'D$ 为

$$\left[3 - \left(\frac{3}{2}\right)\right]^{\frac{1}{2}} = \frac{\sqrt{3}}{2} = \frac{a'}{2}$$

因此,$\angle A = \angle B = 30°$,且 $\angle C = 120° = x$.

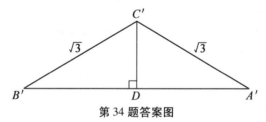

第34题答案图

或 $\triangle ABC$ 中,高 $CD$ 平分 $\angle C$;既然 $c > 3$,故

$$\sin \frac{1}{2} \angle C = \frac{\frac{c}{2}}{\sqrt{3}} \geqslant \frac{\sqrt{3}}{2}$$

$\frac{1}{2} \angle C < 90°$,因 $\angle C < 180°$,且锐角的正弦函数为增函数,因此

$$\frac{1}{2}\angle C > \arcsin\frac{\sqrt{3}}{2} = 60°$$

所以 $x = 120°$. 或

$$c^2 = a^2 + b^2 - 2ab\cos\angle C$$

$$\cos\angle C = \frac{a^2+b^2-c^2}{2ab} = \frac{3+3-c^2}{2\sqrt{3}\sqrt{3}} = \frac{6-c^2}{6}$$

其中 $c^2 > 9$,所以 $\cos\angle C < -\frac{1}{2}$,故 $\angle C > 120°$.

答案:(B)

35. 如图,令边长为 $21, x, 27-x$,已知边上高分此边成长 $y$ 和 $21-y$ 的两条线段,那么,高的平方可写成

$$x^2 - y^2 = (27-x)^2 - (21-y)^2$$

化简得,$48 - 9x + 7y = 0$,所以 $x = 5 + \frac{3+7y}{9}$.

能使 $x$ 为整数的最小整数 $y$ 为 6,而对应的 $x = 10$,另一允许的值为

$$y = 15, x = 17$$

故 $27 - x = 10$. $y$ 若有较大值,则所得的边不可为三角形的边.

第35题答案图

答案:(B).

36. 令 $M_0$ 表开始时所有钱数,假设第一次赌的结果赢,则第一次赌后的钱为 $\frac{1}{2}M_0 + M_0 = \frac{3}{2}M_0$,令

$$M_1 = \frac{3}{2}M_0$$

设第二次赌赢,结果得

$$\frac{1}{2}M_1 + M_1 = \frac{3}{2}M_1 = (\frac{3}{2})^2 M_0$$

故每赢一次总数为在手中的 $\frac{3}{2}$ 倍. 若第一次赌输,结果得 $\frac{1}{2}M_0$,令 $m = \frac{1}{2}M_0$. 设第二次赌输,结果得 $\frac{m}{2} = (\frac{1}{2})^2 M_0$. 所以每输一次,总数为手中有的 $\frac{1}{2}$ 倍,三赢三输,不论其次序,总数为

$$(\frac{3}{2})^3 (\frac{1}{2})^3 M_0 = \frac{27}{64} M_0$$

结果,失去的为 $M_0 - \frac{27}{64}M_0 = \frac{37}{64}M_0$. 既然 $M_0 = 64$(元),故失去的钱数为 37 元.

答案:(C).

37. 如图,首先考虑单线段 $P_1P_2$;于此情况中,$P$ 能取为线段上任一点,不论如何选择

$$S = PP_1 + PP_2 = P_1P_2$$

现在再考虑二线段,其端点为 $P_1, P_2, P_3$,$S$ 的最小值可得自当取 $P$ 重合于 $P_2$ 时,因此选取下

$$S = P_1P_2 + P_2P_3$$

然而,当其他的选择时

$$S > P_1P_2 + P_2P_3$$

此两情况是相当典型的,实际上,对任何偶数 $n = 2k$ 的点来说,$P$ 应落在线段 $P_kP_{k+1}$ 上;对奇数 $n = 2k+1$ 的点来说,$P$ 应重合于 $P_{k+1}$;欲知此,算算

$PP_i$ 的距离和,当 $P$ 在如上所述的位置中,并注意当 $P$ 向左或右移动时,其和必增.

或今做长而有系统的解如下,假定点 $P_i$($i=1$, $2,\cdots,7$) 在 $x$ 轴上,坐标为 $x_i$,令 $x$ 为任意点 $P$ 的坐标,则 $P$ 至 $P_k$ 的距离为 $|x-x_k|$,今欲决定 $P$ 的位置,使

$$|x-x_1|+|x-x_2|+\cdots+|x-x_7|$$

尽可能小. 对任何 $n$ 点来解此题,并将 $n=7$ 的情况的解加以指出,首先求出 $x$ 的值,使函数

$$f(x)=|x-x_1|+|x-x_2|+\cdots+|x-x_n|$$
$$=\sum_{i=1}^{n}|x-x_i|$$

对所给的数 $x_i, x_1<x_2<\cdots<x_n$ 有极小,已知 $f(x)$ 是一连续而成折线的线性函数,意即,其图形由线段组成,欲知此,可由

$$|a-b|=\begin{cases}a-b & 若 a\geqslant b\\ b-a & 若 a>b\end{cases}$$

及 $f(x)$ 的如下表示,可得,对 $x<x_1$

$$f(x)=x_1-x+x_2-x+\cdots+x_n-x$$
$$=-nx+\sum_{i=1}^{n}x_i$$

对 $x_1\leqslant x<x_2$

$$f(x)=x-x_1+x_2-x+\cdots+x_n-x$$
$$=(2-n)x+\sum_{i=1}^{n}x_i-2x_1$$
$$\vdots$$

对 $x_k\leqslant x<x_{k+1}$

## 第4章 1963年试题

$$f(x) = x - x_1 + \cdots + x - x_k + x_{k+1} - x + \cdots + x_n - x$$
$$= (2k - n)x + \sum_{i=1}^{n} x_i - 2\sum_{i=2}^{n} x_i$$
$$\vdots$$

对 $x_n < x$

$$f(x) = x - x_1 + x - x_2 + \cdots + x - x_n$$
$$= nx - \sum_{i=2}^{n} x_i$$

在各间隔里,$f(x)$ 成 $mx + b$ 的形式,所以为斜率 $m$ 的一条直线,当 $x$ 由左而右,则此斜率取整数值 $-n, 2-n, \cdots, 2k-n, \cdots, n$,意即,当 $x$ 穿过任 $x_k$ 的一值时,图形的斜率以 $+2$ 跳跃.

当斜率为负时 $f(x)$ 减少,当斜率为正时,$f(x)$ 增加,欲知 $f$ 为连续的,或者从上公式证实,即线段相交于间隔的端点 $x_k$ 或者仅注意到每一距离 $|x - x_i|$ 为一连续函数,且这些距离的和也是连续的.

当斜率停止减少而开始增加,则 $f(x)$ 有最小值.

若 $n$ 是偶数,即 $n = 2m$,则 $f(x)$ 的图形成自 $x_m$ 至 $x_{m+1}$ 的水平线段(斜率为 $2m - 2m = 0$),而此时 $f(x)$ 为最小.

若 $n$ 是奇数,即 $n = 2m + 1$,$f(x)$ 在 $x_{m+1}$ 最小,该处图形有一角 $x_{m+1}$ 把增加部分(始于斜率 $2(m+1) - (2m+1) = 1$)与减少部分(止于抛物线 $2m - (2m+1) = -1$),故得结论:若 $n$ 是偶数,则使 $f$ 极小的点 $P$ 可为线段 $P_{n/2}P_{(n/2)+1}$ 上任一点,若 $n$ 是奇数,$P$ 可取为 $P_{(n+1)/2}$ 特别当 $n = 7$,取 $P$ 重合于 $P_4$.

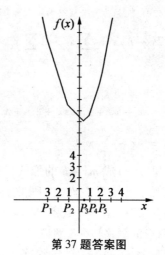

第 37 题答案图

(附图表 $f(x)$ 之图形在特殊情形 5 点时的)

答案:(D).

38. 如图令 $BE=x$, $DG=y$, $AB=b$, 由于 $\triangle BEA \sim \triangle GEC$, 所以 $\dfrac{8}{x}=\dfrac{b-y}{b}$, $b-y=\dfrac{8b}{x}$, $y=b-\dfrac{8b}{x}=\dfrac{b(x-8)}{x}$ 既然 $\triangle FDG \sim \triangle BCG$, 所以

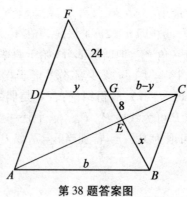

第 38 题答案图

$$\frac{24}{x+8}=\frac{y}{b-y}, \frac{24}{x+8}=\frac{b(x-8)}{x(8b/x)}=\frac{x-8}{8}$$
$$x^2-64=192, x=16$$

注意:试一般地证明 $\frac{1}{BE}=\frac{1}{BG}+\frac{1}{BF}$.

答案:(E).

39. 如图,引
$$DR \parallel AB, \frac{CR}{RE}=\frac{CO}{DB}=\frac{3}{1}, \frac{RD}{EB}=\frac{CD}{CB}=\frac{3}{4}$$

所以
$$CR=3RE=3RP+3PE \text{ 且 } RD=\frac{3}{4}EB$$

所以
$$CP=CR+RP=4RP+3PE$$

既然 △ROP ∽ △EAP,所以
$$\frac{RP}{PE}=-\frac{RD}{AE}$$

所以 $RD=\frac{RP \cdot AE}{PE}$,但 $AE=\frac{3}{2}EB$,所以
$$RD=\frac{RP}{PE} \cdot \frac{3}{2}EB$$

所以
$$\frac{3}{4}EB=\frac{3}{2}EB \cdot \frac{RP}{PE}$$
$$RP=\frac{1}{2}PE, CP=4 \cdot \frac{1}{2}PE+3PE=5PE$$

所以 $\frac{CP}{PE}=5$.

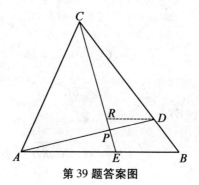

第39题答案图

答案:(D).

40. 由题意得

$$(x+9)^{\frac{1}{3}} - (x-9)^{\frac{1}{3}} = 3$$

两边立方得

$$x+9 - 3(x+9)^{\frac{2}{3}}(x-9)^{\frac{1}{3}} +$$
$$3(x+9)^{\frac{1}{3}}(x-9)^{\frac{2}{3}} - x+9 = 27$$

化简得

$$9 = -3(x+9)^{\frac{1}{3}}(x-9)^{\frac{1}{3}}[(x+9)^{\frac{1}{3}} - (x-9)^{\frac{1}{3}}]$$
$$= -3(x^2-81)^{\frac{1}{3}}(3)$$

所以 $(x^2-81)^{\frac{1}{3}} = -1, x^2 = 80.$

或令 $u = (x+9)^{\frac{1}{3}}, v = (x-9)^{\frac{1}{3}}$,则 $u-v = 3$

$$(u-v)^2 = u^2 - 2uv + v^3 = 9$$

且 $u^3 - v^3 = x+9 - (x-9) = 18 = (u-v)(u^2+uv+v^2) = 3(u^2+uv+v^2)$,所以 $u^2+uv+v^2 = 6.$

但

$$u^2 - 2uv + v^2 = 9$$

所以 $3uv = -3, uv = -1$,同时
$(u+v)^2 = u^2 + 2uv + v^2 = (u-v)^2 + 4uv = 9 - 4 = 5$

## 第4章 1963年试题

$u+v=5^{\frac{1}{2}}, u-v=3$,如此 $3u=3+5^{\frac{1}{2}}$. 因此
$$(2u)^3=8u^3=72+30(5)^{\frac{1}{2}}=8(x+9)=8x+72$$
所以 $x=4(5)^{\frac{1}{2}}, x^2=80.$

答案:(C).

# 1964 年试题

## 1 第一部分

1. $[\lg(5\lg 100)^2]$ 的值为( ).
   (A) $\lg 50$  (B) 25  (C) 10
   (D) 2  (E) 1

2. $x^2 - 4y^2 = 0$ 的图形为( ).
   (A) 抛物线  (B) 一椭圆
   (C) 一双直线  (D) 一点
   (E) 非上述的答案

3. 当一正整数 $x$ 以一正整数 $y$ 除时,得商为 $u$,剩余为 $v$,其中 $u, v$ 为整数. 当 $x + 2uy$ 以 $y$ 除时,剩余为( ).
   (A) 0  (B) $2u$  (C) $3u$
   (D) $v$  (E) $2v$

4. 设 $P = x + y$,且 $Q = x - y$,则式
$$\frac{P+Q}{P-Q} - \frac{P-Q}{P+Q}$$
   等于( ).

(A) $\dfrac{x^2-y^2}{xy}$  (B) $\dfrac{x^2-y^2}{2xy}$  (C) 1  (D) $\dfrac{x^2+y^2}{xy}$

(E) $\dfrac{x^2+y^2}{2xy}$

5. 若 $y$ 正变于 $x$，且若当 $x=4$ 时，$y=8$，问当 $x=-8$ 时 $y$ 的值为（　　）.

(A) $-16$　　(B) $-4$　　(C) $-2$

(D) $4k, k=\pm1, \pm2, \cdots$

(E) $16k, k=\pm1, \pm2, \cdots$

6. 若 $x, 2x+2, 3x+3, \cdots$ 为一几何级数，第四项为（　　）.

(A) $-27$　(B) $-13\dfrac{1}{2}$　(C) $12$　(D) $13\dfrac{1}{2}$

(E) $27$

7. 设 $n$ 为使方程 $x^2-px+p=0$ 有等根时 $p$ 的实值数目，则 $n$ 等于（　　）.

(A) 0　　(B) 1　　(C) 2

(D) 大于 2 的有限个数　(E) 一无限大数

8. 方程 $(x-\dfrac{3}{4})(x-\dfrac{3}{4})+(x-\dfrac{3}{4})(x-\dfrac{1}{2})=0$ 的较小根为（　　）.

(A) $-\dfrac{3}{4}$　(B) $\dfrac{1}{2}$　(C) $\dfrac{5}{8}$　(D) $\dfrac{3}{4}$

(E) 1

9. 一经售商购一物，价为"\$24 少 $12\dfrac{1}{2}$%"，然后他希望在他的标价打了 20% 的折扣售出后仍要得他购价时 $33\dfrac{1}{3}$% 的利润，则他应标价的钱数为（　　）.

(A) \$25.20　(B) \$30.00　(C) \$33.00　(D) \$40.00

(E)非上述的答案

10. 已知一正方形,一边长为 $s$,以一对角线为底,作一不等边三角形,使得其面积等于此正方形面积,则底边上的高为( ).

(A)$s\sqrt{2}$　　(B)$\dfrac{s}{\sqrt{2}}$　　(C)$2s$　　(D)$2\sqrt{s}$

(E)$\dfrac{2}{\sqrt{s}}$

11. 设 $2^x = 8^{y+1}$ 且 $9^y = 3^{x-9}$;则 $x+y$ 的值为( ).

(A)18　　(B)21　　(C)24　　(D)27
(E)30

12. 下列何者为叙述:"对某集合的所有元素 $x, x^2 > 0$"的否定( ).

(A)对所有 $x, x^2 < 0$　　(B)对所有 $x, x^2 \leq 0$

(C)无一 $x, x^2 > 0$　　(D)对某 $x, x^2 > 0$

(E)对某 $x, x^2 \leq 0$

13. 一圆内接于一三角形内,此三角形三边长为 8,13,与 17,设长为 8 的边被切点所分割成 $r$ 与 $s$,而 $r < s$,则 $r:s$ 等于( ).

(A)1:3　　(B)2:5　　(C)1:2　　(D)2:3
(E)3:4

14. 一农夫买 749 头羊,他卖了其中的 700 头来付 749 头所需的钱.其余的 49 头也跟 700 头每头售出的价格卖去,在此价格之下,整个买卖所获利润为( ).

(A)6.5%　　(B)6.75%　　(C)7.0%　　(D)7.5%
(E)8.0%

15. 一线过点 $(-a, 0)$,分割第二象限得一三角形区

域,而积为 $T$,此直线的方程为( ).

(A)$2Tx+a^2y+2aT=0$　(B)$2Tx-a^2y+2aT=0$
(C)$2Tx+a^2y-2aT=0$　(D)$2Tx-a^2y-2aT=0$
(E)非上述的答案

16. 设 $f(x)=x^2+3x+2$,且设 $S=\{0,1,2,\cdots,25\}$.
    若 $s$ 为 $S$ 的元素,以 $6$ 可整除 $f(s)$ 的 $s$,个数
    有( ).

    (A)25　(B)22　(C)21　(D)18
    (E)17

17. 已知三相异点 $P(x_1,y_1),Q(x_2,y_2)$ 与 $R(x_1+x_2,y_1+y_2)$,今将此三点与原点彼此相连成线段,则所成的图形 $OPRQ$,视点 $P,Q$ 与 $R$ 的位置而定,在三种可能情况:(1)平行四边形,(2)直线,(3)梯形,中可以成立的为( ).

    (A)仅(1)　(B)仅(2)　(C)仅(3)
    (D)仅(1)或(2)
    (E)所提的三种情况都不存在

18. 若方程 $3x+by+c=0$ 与 $cx-2y+12=0$ 有相同的图形,今设 $n$ 为 $b,c$ 的值的组数,则 $n$ 为( ).

    (A)0　(B)1　(C)2
    (D)有限但多于2　(E)大于任何有限数

19. 若 $2x-3y-z=0$ 且 $x+3y-14z=0,z\neq0$,则式 $(x^2+3xy)/(y^2+z^2)$ 的数值为( ).

    (A)7　(B)2　(C)0　(D)$-20/17$
    (E)$-2$

20. 展开 $(x-2y)^{18}$,其所有项的数字系数的和为( ).

    (A)0　(B)1　(C)19　(D)$-1$

(E) −19

## 2 第二部分

21. 若 $\log_{b^2} x + \log_{x^2} b = 1, b>0, b \neq 1, x \neq 1$，则 $x$ 等于（　　）．
    (A) $1/b^2$　　(B) $1/b$　　(C) $b^2$　　(D) $b$
    (E) $\sqrt{b}$

22. 已知 $E$ 为 $\square ABCD$ 对角线 $BD$ 的中点，在 $AD$ 上取一点 $F$ 使 $DF = \dfrac{1}{3}DA$，作 $EF$，则 $\triangle DEF$ 的面积：四边形 $ABEF$ 的面积等于（　　）．
    (A) 1:2　　(B) 1:3　　(C) 1:5　　(D) 1:6
    (E) 1:7

23. 两数之差、和与积的比为 $1:7:24$，则此两数的积为（　　）．
    (A) 6　　(B) 12　　(C) 24　　(D) 48
    (E) 96

24. 设 $y=(x-a)^2+(x-b)^2$ 其中 $a、b$ 为常数，当 $x$ 为何值时，$y$ 有极小值（　　）．
    (A) $\dfrac{a+b}{2}$　　(B) $a+b$　　(C) $\sqrt{ab}$
    (D) $\sqrt{\dfrac{a^2+b^2}{2}}$　　(E) $\dfrac{a+b}{2ab}$

25. 若 $x^2+3xy+x+my-m$ 有两个关于 $x,y$ 的整系数一次因式，则 $m$ 的值所成的集合为（　　）．
    (A) $\{0,12,-12\}$　　(B) $\{0,12\}$

(C){12,-12}　　(D){12}　(E){0}

26. 在 10 km 的赛跑中,第一人超出第二人 2 km,第一人超出第三人 4 km,若跑者在整个赛程中保持不变的速度,则第二人超出第三人的千米数为( ).

(A)2　(B)$2\frac{1}{4}$　(C)$2\frac{1}{2}$　(D)$2\frac{3}{4}$

(E)3

27. 若 $x$ 为一实数,且 $|x-4|+|x-3|<a$ 其中 $a>0$,则( ).

(A)$0<a<0.01$　　(B)$0.01<a<1$

(C)$0<a<1$　　(D)$0<a\leqslant 1$

(E)$a>1$

28. 一算术级数的 $n$ 项和为 153,公差为 2,若首项为整数,而 $n>1$,则 $n$ 可能的值共有多少个( ).

(A)2　(B)3　(C)4　(D)5

(E)6

29. 如图所示 $\angle RFS=\angle FDR$,$FD=4$,$DR=6$,$FR=5$,$FS=7\frac{1}{2}$,则 $RS$ 为( ).

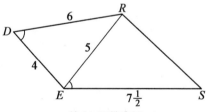

第29题答案图

(A)无从决定　　(B)4

(C)$5\frac{1}{2}$　(D)6　(E)$6\frac{1}{4}$

30. 若方程 $(7+4\sqrt{3})x^2+(2+\sqrt{3})x-2=0$ 的大根减去小根,则可得( ).

   (A) $-2+3\sqrt{3}$　　　　(B) $2-\sqrt{3}$

   (C) $6+3\sqrt{3}$　　　　(D) $6-3\sqrt{3}$

   (E) $3\sqrt{3}+2$

# 3 第三部分

31. 设 $f(n)=\dfrac{5+3\sqrt{5}}{10}\left(\dfrac{1+\sqrt{5}}{2}\right)^n+\dfrac{5+3\sqrt{5}}{10}\left(\dfrac{1-\sqrt{5}}{2}\right)^n$,

   则 $f(n+1)-f(n-1)$,以 $f(n)$ 来表示,等于( ).

   (A) $\dfrac{1}{2}f(n)$　　　　(B) $f(n)$

   (C) $2f(n)+1$　　　　(D) $f^2(n)$

   (E) $\dfrac{1}{2}[f^2(n)-1]$

32. 若 $\dfrac{a+b}{b+c}=\dfrac{c+d}{d+a}$,则( ).

   (A) $a$ 应等于 $c$

   (B) $a+b+c+d$ 应等于零

   (C) 或 $a=c$,或 $a+b+c+d=0$,或二者兼是

   (D) 若 $a=c$,则 $a+b+c+d\neq 0$

   (E) $a(b+c+d)=c(a+b+d)$

33. 如图,$P$ 为矩形 $ABCD$ 内一点,且有 $PA=3$,$PD=4$,$PC=5$,则 $PB$ 等于( ).

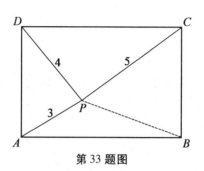

第 33 题图

(A)$2\sqrt{3}$ (B)$3\sqrt{2}$ (C)$3\sqrt{3}$ (D)$4\sqrt{2}$
(E)2

34. 若 $n$ 为 4 的倍数,和 $S = 1 + 2i + 3i^2 + \cdots + (n+1)i^n$,$i = \sqrt{-1}$,等于( ).

(A)$1 + i$  (B)$\frac{1}{2}(n+2)$

(C)$\frac{1}{2}(n+2-ni)$

(D)$\frac{1}{2}[(n+1)(1-i)+2]$

(E)$\frac{1}{8}(n^2+8-4ni)$

35. 一三角形的三边长为 13,14,15,垂心为 $H$,若 $AD$ 是边长为 14 的高,则 $HD:HA$ 等于( ).
(A)3:11 (B)5:11 (C)1:2 (D)2:3
(E)25:33

36. 如图,圆的半径等于正 $\triangle ABC$ 的高,此圆在沿底边滚动仍保持相切,其变动切点设为 $T$,圆交 $AC,BC$ 各于 $M,N$,设 $n$ 表弧 $MTN$ 的量的度数,则对所有可能的圆位置而言,$n$ ( ).

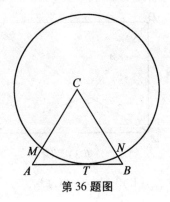

第36题图

(A) 自 30° 至 90° 变动  (B) 自 30° 至 60° 变动

(C) 自 60° 至 90° 变动  (D) 保持 30° 不变

(E) 保持 60° 不变

37. 已知两正数 $a,b$，而 $a<b$，设 A.M. 表其算术平均，G.M. 表其正几何平均，则 A.M. 减 G.M. 常小于（  ）.

(A) $\dfrac{(b+a)^2}{ab}$  (B) $\dfrac{(b+a)^2}{8b}$

(C) $\dfrac{(b-a)^2}{ab}$  (D) $\dfrac{(b-a)^2}{8a}$

(E) $\dfrac{(b-a)^2}{8b}$

38. $\triangle PQR$ 的边 $PQ,PR$ 的长各为 4 与 7，中线 $PM$ 的长为 $3\dfrac{1}{2}$，则 $QR$ 的长为（   ）.

(A) 6  (B) 7  (C) 8  (D) 9

(E) 10

39. 如图所示，设 $\triangle ABC$ 的三边长为 $a,b,c$，而 $c\leqslant b\leqslant a$，过三角形内一点 $P$ 与各顶点 $A,B,C$ 相连成线而分别交对边于 $A',B',C'$，设

$$S = AA' + BB' + CC'$$
则对所有 $P$ 点位置,$S$ 小于(　　).

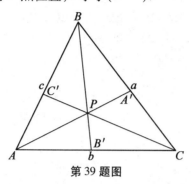

第 39 题图

(A)$2a+b$　(B)$2a+c$　(C)$2b+c$　(D)$a+2b$
(E)$a+b+c$

40. 一手表每天慢 $2\frac{1}{2}$ min,设在三月十五日下午一点整摆正,又设 $n$ 为当时手表所指的时间经摆正所须加的正确分钟数,当三月二十一日手表指上午九点时,则 $n$ 等于(　　).

(A)$14\frac{14}{23}$　(B)$14\frac{1}{14}$　(C)$13\frac{101}{115}$　(D)$13\frac{83}{115}$

(E)$13\frac{13}{23}$

## 4　答　案

1.(E)　2.(C)　3.(D)　4.(A)　5.(A)　6.(B)
7.(C)　8.(C)　9.(E)　10.(A)　11.(D)
12.(E)　13.(A)　14.(C)　15.(B)　16.(E)

17.(D)　18.(C)　19.(A)　20.(B)　21.(D)
22.(C)　23.(D)　24.(A)　25.(B)　26.(C)
27.(E)　28.(D)　29.(E)　30.(D)　31.(B)
32.(C)　33.(B)　34.(C)　35.(B)　36.(E)
37.(D)　38.(D)　39.(A)　40.(A)

## 5　1964 年试题解答

1. $[\lg(5\lg 100)]^2 = [\lg(5 \times 2)]^2 = 1^2 = 1.$
   答案:(E).

2. 由题意得
$$x^2 - 4y^2 = (x+2y)(x-2y) = 0$$
所以 $x+2y=0$ 或 $x-2y=0$,各方程的图形均为直线.
   答案:(C).

3. 被除数 = 除数·商 + 余数.
   从 $x = uy+v$,可得 $x+2uy = 3uy+v$,故 $v$ 是剩余.
   或既然,当 $x$ 除以 $y$ 时的余数为 $v$ 且当 $2uy$ 除以 $y$ 时的余数为零,故当 $x+2uy$ 除以 $y$ 时的余数与 $x$ 除以 $y$ 时的余数相等,均为 $v$.
   答案:(D).

4. 既然 $P = x+y$ 且 $Q = x-y$, $P+Q = 2x$, $P-Q = 2y$,
   所以 $\dfrac{P+Q}{P-Q} - \dfrac{P-Q}{P+Q} = \dfrac{2x}{2y} - \dfrac{2y}{2x} = \dfrac{x^2-y^2}{xy}.$
   答案:(A)

5. $y = kx$,已知数据,$8 = k \cdot 4$,可得 $k = 2$;
   当 $x = -8$, $y = 2 \cdot (-8) = -16.$

第 5 章　1964 年试题

答案:(A).

**6.** 其公比为 $\dfrac{2x+2}{x} = \dfrac{3x+3}{2x+2} = \dfrac{3}{2}, x \neq 0, x \neq -1$,所以

$$2x + 2 = \dfrac{3}{2}x, x = -4$$

所以第四项是 $(-4)(\dfrac{3}{2})^3 = -13\dfrac{1}{2}.$

答案:(B).

**7.** 等根的判别式 $p^2 - 4p = 0$,而 $p = 0$ 且 $p = 4$ 时,可满足该情况.

答案:(C).

**8.** 方程可改写成

$$(x - \dfrac{3}{4})[(x - \dfrac{3}{4}) + (x - \dfrac{1}{2})] = (x - \dfrac{3}{4})(2x - \dfrac{5}{4})$$
$$= 0$$

$$x = \dfrac{3}{4} \text{ 或 } x = \dfrac{5}{8}, \dfrac{5}{8} < \dfrac{3}{4}$$

答案:(C).

**9.** 该物的价格为 $\dfrac{7}{8} \times \$24 = \$21$,此价钱有 $33\dfrac{1}{3}\%$ 的获利,即 $\dfrac{1}{3} \times \$21 = \$7.$ 故此物必以 $\$21 + \$7 = \$28$ 出售.

令 $M$ 为标价,则 $M - \dfrac{1}{5}M = 28$,所以 $M = 35.$

答案:(E).

**10.** 若正方形的一边长是 $s$,则对角线长是 $s\sqrt{2}$,面积是 $s^2$,以 $h$ 为高的三角形面积是

$$\dfrac{1}{2}(s\sqrt{2})h = s^2$$

所以 $h=s\sqrt{2}$.

答案:(A).

11. $2^x=8^{y+1}=2^{3(y+1)}$,所以 $x=3y+3$,$3^{x-9}=9^y=3^{2y}$,所以 $x-9=2y$. 此二线性方程的解为 $x=21$,$y=6$,所以 $x+y=27$.

答案:(D).

12. 叙述"集合的所有的元素具有已给的性质"的否定为"此集合的某元素没有此性质",故此否定是"对某 $x$,$x^2 \not> 0$",意即,"对某 $x$,$x^2 \leqslant 0$".

答案:(E).

13. 如图
$$(8-r)+(13-r)=17, r=2, s=8-r=6$$
所以 $r:s=1:3$.

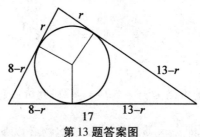

第13题答案图

答案:(A).

14. 令 $P$ 为卖出700头羊的总款数,则每只羊的卖价为 $P/700$,且全部利润为 $49 \times P/700$,故利润百分比为

$$\frac{49 \times P/700}{P} \times 100 = 7\%$$

答案:(C).

15. 令此线段 $x$ 轴于 $(-a,0)$,$y$ 轴于 $(0,h)$,则 $\frac{1}{2}ah=$

$T$ 且 $h = \dfrac{2T}{a}$, 此线的斜率为

$$\dfrac{h}{a} = \dfrac{2T}{a^2}$$

故其方程为 $y = \dfrac{2T}{a^2}x + \dfrac{2T}{a}$, 或 $2Tx - a^2y + 2aT = 0.$

答案:(B).

16. 由题意得
$$x^2 + 3x + 2 = (x+2)(x+1)$$
整数 $s$ 在 $S$ 中, 使 $s + 2$ 是 6 的整倍数者为
$$s = 4 + 6k \ (k = 0, 1, 2, 3)$$
而使 $s + 1$ 为整数 6 的倍数者为
$$s = 5 + 6k \ (k = 0, 1, 2, 3)$$
其他的可能情况是 $s + 2$ 是 2 的倍数, $s + 1$ 是 3 的倍数, 或者反过来; 其中:
前情况
$$s = 2 + 6k \ (k = 0, 1, 2, 3)$$
后情况
$$s = 1 + 6k \ (k = 0, 1, 2, 3, 4)$$
可见下列 $S$ 的 17 个元素, 可使 $f(x)$ 被 6 整除:4, 10,16,22;5,11,17,23;2,8,14,20;1,7,13,19,25.
答案:(E).

17. $x_1, y_1$ 不可能全为零, 因为, 若 $x_1 = y_1 = 0$, 则点 $Q$ 和 $R$ 便无区别, 同样的, 若 $x_2 = y_2 = 0$ 点 $P$ 和 $R$ 便无分别, 若 $y_1 = kx_1, y_2 = kx_2$, 在 $k \neq 0$ 时, 点 $P, Q, R$ 均在通过 $O$ 的直线上, 否则由斜率显示 $OP \parallel QR$, $OQ \parallel PR$, 故图形为平行四边形.

或 $O, P, Q, R$ 任一在直线上, 或线段 $OR$ 与 $PQ$ 有不同的斜率, 且中点各为

$$\left(\frac{x_1+x_2}{2},\frac{y_1+y_2}{2}\right),\left(\frac{x_1+x_2}{2},\frac{y_1+y_2}{2}\right)$$

但一四边形的对角线互相平分,即为平行四边形.
答案:(D).

18. 当两方程有相同的图形时,则每组 $x,y$ 若能满足一方程,亦必能满足另一方程,故其中一个的系数亦必与另一个的系数对应成比例,即 $3k=c, kb=-2$, $kc=12$,由此三式得 $c=6, b=-1$,或 $c=-6, b=1$.
答案:(C).

19. $2x-3y=z, x+3y=14z$,所以 $x=5z, y=3z$,所以
$$\frac{x^2+3xy}{y^2+z^2}=\frac{x(x+3y)}{y^2+z^2}=\frac{5z\cdot 14z}{9z^2+z^2}=\frac{70z^3}{10z^2}=7$$
答案:(A).

20. 既然展开式表对 $x$ 与 $y$ 的所有值的二项式,当然亦表 $x=1$ 且 $y=1$ 的二项式.
在展开式中,各项数字系数的值与二项式中,以 $x=1, y=1$ 代入所得的值相同,故展开式的数字系数的和为
$$(1-2)^{18}=(-1)^{18}=1$$
答案:(B).

21. 令 $\log_{b^2}x=m$ 且令 $\log_{x^2}b=n$,则 $x=b^{2m}$,且 $b=x^{2n}$,
所以 $(x^{2n})^{2m}=b^{2m}$,所以 $x^{4mn}=x$. 所以
$$4mn=1, n=\frac{1}{4m}$$
所以 $m+\frac{1}{4m}=1$ 或 $4m^2-4m+1=0$,所以 $m=\frac{1}{2}$ 且 $x=b$.
答案:(D).

22. 既然 $DF = \frac{1}{3}DA$, 所以 $S_{\triangle DFE} = \frac{1}{3}S_{\triangle DEA}$

$E$ 既然是 $DB$ 的中点

$$S_{\triangle DEA} = \frac{1}{2}S_{\triangle DBA}$$

所以

$$S_{\triangle DFE} = \frac{1}{3} \cdot \frac{1}{2}S_{\triangle DBA}$$

所以

四边形 $ABEF$ 的面积 $= \frac{5}{6}S_{DBA}$ 所以

$S_{\triangle DFE}$:四边形 $ABEF$ 的面积 $= 1:5$

答案:(C).

23. 设 $x, y$ 代表此两数,则 $x + y = 7(x - y)$ 且 $xy = 24(x - y)$ 所以 $8y = 6x$ 且 $xy = 24x - 24y = 24x - 18x = 6x$.

所以 $x(y - 6) = 0$. 其中 $x = 0$ 不合本题的条件.

所以 $y = 6$, 既然 $6x = 8y$, 故 $x = 8$, 所以 $xy = 48$.

答案:(D).

24. 由题意得

$$y = (x - a)^2 + (x - b)^2$$
$$= 2[x^2 - (a + b)x] + a^2 + b^2$$
$$= 2[x^2 - (a + b)x + (\frac{a + b}{2})^2] + a^2 + b^2 - 2(\frac{a + b}{2})^2$$
$$= 2[x - \frac{a + b}{2}]^2 + \frac{(a + b)^2}{2}$$

因 $y$ 须为极小值,故 $x = \frac{a + b}{2}$.

或 $y = 2x^2 - 2(a + b)x + a^2 + b^2$ 的图形是向上凹的抛物线,在对称轴处有最低点,此对称轴的方程为

$$x = -\frac{-2(a+b)}{4}, x = \frac{a+b}{2}$$

答案：(A).

25. 令此一次因式为 $x+ay+b$ 和 $x+cy+d$，令其相乘并令与已知方程比较，得到有关系数的方程如下

$$a+c=3 \qquad ①$$
$$b+d=1 \qquad ②$$
$$ad+bc=m \qquad ③$$
$$bd=-m \qquad ④$$
$$ac=0 \qquad ⑤$$

由①、⑤式得

$$c=0, a=3 \qquad ⑥$$
$$a=0, c=3 \qquad ⑦$$

将上述⑥数值代入③式，得

$$3d=m \qquad ⑧$$

代入④式，得

$$3d=-bd \qquad ⑨$$
$$(d=0, m=0)$$

若 $d \neq 0$，由⑨式得

$$b=-3$$

由②式得

$$d=4$$

由④式得

$$m=12$$

将上述⑦数值代入计算，产生相同的结果，因方程是对称的.

答案：(B).

26. 在相同的时间中，三人所跑的距离不同，第一、二、

三人其速率比为 10∶8∶6. 速率为常数,其比值也保持为常数. 当第一人跑完 10 km 时,第二人跑剩 2 km. 而第三人已跑了 6 km. 第二人跑完 2 km 时,第三人则多跑 $x$ km.

$$\frac{2}{x} = \frac{8}{6}, x = 1\frac{1}{2}$$

所以当第二人跑完 10 km 时,第三人只跑 $6 + 1\frac{1}{2} = 7\frac{1}{2}$ km. 第二人超出第三人 $2\frac{1}{2}$ km.

答案:(C).

27. 当
$$x \geqslant 4, |x-4| + |x-3| = x-4+x-3 \geqslant 1$$
当
$$x \leqslant 3, |x-4| + |x-3| = 4-x+3-x \geqslant 1$$
当
$$3 < x < 4, |x-4| + |x-3| = 4-x+x-3 = 1$$
所以 $|x-4| + |x-3|$ 永不小于 1. 所以
$$a > |x-4| + |x-3|, a > 1$$

答案:(E).

28. 设 $a$ 为级数的首项,得下式
$$\frac{n}{2}\{a + [a + 2(n-1)]\} = 153$$
$$n^2 + n(a-1) - 153 = 0$$

此 $n$ 的二次方程的根的积是 $-153$. 列出 $-153$ 的大于 1 的正整数因子,$n$ 的可能值为 3,9,17,51,153.

答案:(D).

29. △RFD ∽ △SRF(一夹角相等且对应边成比例),所

以
$$\frac{RS}{RF} = \frac{SF}{RD}, \frac{RS}{5} = \frac{7\frac{1}{2}}{6}, RS = 6\frac{1}{4}$$

或据余弦定律
$$5^2 = 4^2 + 6^2 - 2 \cdot 4 \cdot 6 \cos \angle D$$

所以
$$\cos \angle D = \frac{27}{48} = \cos \angle RFS$$

所以
$$RS^2 = 5^2 + (7\frac{1}{2})^2 - 2(7\frac{1}{2})(5)(\frac{27}{48})$$

所以 $RS = 6\frac{1}{4}$.

答案:(E).

30. 设根为 $r$,且 $r \geq s$,所以
$$r - s = \frac{[(2+\sqrt{3})^2 + 8(7+4\sqrt{3})]^{\frac{1}{2}}}{7+4\sqrt{3}}$$

因
$$7 + 4\sqrt{3} = (2+\sqrt{3})^2, r - s = \frac{3}{2+\sqrt{3}} = 6 - 3\sqrt{3}$$

或设 $r = 2+\sqrt{3}$,因
$$7 + 4\sqrt{3} = (2+\sqrt{3})^2 = r^2$$

可写成以下方程
$$r^2 x^2 + rs - 2 = (rx-1)(rx+2) = 0$$

根为 $\frac{1}{r}$ 和 $-\frac{2}{r}$,大根减去小根
$$\frac{1}{r} - (-\frac{2}{r}) = \frac{3}{r} = \frac{3}{2+\sqrt{3}} = 6 - 3\sqrt{3}$$

答案:(D).

31. 由题意得

$f(n+1)-f(n-1)$

$=\dfrac{5+3(5)^{\frac{1}{2}}}{2}(\dfrac{1+(5)^{\frac{1}{2}}}{2})^{n+1}+$

$\dfrac{5-3(5)^{\frac{1}{2}}}{2}(\dfrac{1-(5)^{\frac{1}{2}}}{2})^{n+1}-$

$\dfrac{5+3(5)^{\frac{1}{2}}}{2}(\dfrac{1+(5)^{\frac{1}{2}}}{2})^{n-1}-$

$\dfrac{5-3(5)^{\frac{1}{2}}}{2}(\dfrac{1-(5)^{\frac{1}{2}}}{2})^{n-1}$

$=\dfrac{5+3(5)^{\frac{1}{2}}}{2}(\dfrac{1+(5)^{\frac{1}{2}}}{2})^{n}[\dfrac{1+(5)^{\frac{1}{2}}}{2}-\dfrac{2}{1+(5)^{\frac{1}{2}}}]+$

$\dfrac{5-3(5)^{\frac{1}{2}}}{2}(\dfrac{1-(5)^{\frac{1}{2}}}{2})^{n}[\dfrac{1-(5)^{\frac{1}{2}}}{2}-\dfrac{2}{1-(5)^{\frac{1}{2}}}]$

$=\dfrac{5+3(5)^{\frac{1}{2}}}{2}(\dfrac{1+(5)^{\frac{1}{2}}}{2})^{n}(1)+$

$\dfrac{5-3(5)^{\frac{1}{2}}}{2}(\dfrac{1-(5)^{\frac{1}{2}}}{2})^{n}(1)=f(n)$

答案:(B).

32. 因为 $\dfrac{a+b}{b+c}=\dfrac{c+d}{d+a}$,所以 $\dfrac{a+b}{c+d}=\dfrac{b+c}{d+a}$. 且

$$\dfrac{a+b}{c+d}+1=\dfrac{b+c}{d+a}+1$$

所以

$$\dfrac{a+b+c+d}{c+d}=\dfrac{a+b+c+d}{a+d}$$

若 $a+b+c+d\neq 0$,那么 $a=c$.

若 $a+b+c+d=0$，那么 $a$ 可能或不可能等于 $c$，答案 C 正确.

或若
$$\frac{a+b}{b+c}=\frac{c+d}{d+a}$$

那么
$$(a+b)(a+d)=(c+d)(c+b)$$

即
$$a^2+(b+d)a=c^2+(b+d)c$$

所以
$$a^2-c^2+(b+d)(a-c)=0$$

所以
$$(a-c)(a+c+b+d)=0$$

答案:(C).

33. 画一线通过 $P$ 平行于长方形的一边(如图)，则
$$16-c^2=9-d^2$$
$$25-c^2=x^2-d^2$$

所以 $x^2-9=9$，所以 $x=3\sqrt{2}$.

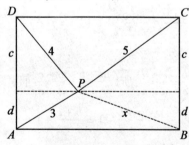

第33题答案图

答案:(B).

34. 由题意得

$$S = 1 + 2i + 3i^2 + \cdots + (n+1)i^n$$
$$iS = i + 2i^2 + \cdots + ni^n + (n+1)i^{n+1}$$
$$S(1-i) = 1 + i + i^2 + \cdots + i^n - (n+1)i^{n+1}$$
$$S(1-i) = \frac{1-i^{n+1}}{1-i} - (n+1)i^{n+1} = 1 - (n+1)i$$

既然 $i^n = 1$ 若 $n$ 是 4 的倍数. 所以

$$S = \frac{1-(n+1)i}{1-i} \cdot \frac{1+i}{1+i} = \frac{1}{2}(n+2-ni)$$

或

$$S = 1 + 3i^2 + 5i^4 + 7i^6 + \cdots + (n+1)i^n + 2i +$$
$$4i^3 + \cdots + ni^{n-1}$$
$$S = (1-3) + (5-7) + \cdots + [(n-3)-(n-1)] +$$
$$n + 1 + i[(2-4) + (6-8) + \cdots + (n-2-n)]$$
$$S = \frac{n}{4}(-2) + n + 1 + \frac{n}{4}(-2)i = \frac{1}{2}(n+2-ni)$$

答案:(C).

35. 由题意得,如图
$$14^2 - q^2 = 13^2 - p^2, 27 = q^2 - p^2, 15 = q + p$$

所以
$$q = \frac{42}{5}, p = \frac{33}{5}, 13^2 - r^2 = 15^2 - s^2, 56 = s^2 - r^2$$
$$14 = s + r$$

所以 $s = 9, r = 5, AD^2 = 13^2 - 5^2, AD = 12, BE^2 = 13^2 - (\frac{33}{5})^2, BE = \frac{56}{5}$,因为 $\triangle HDB \backsim \triangle HEA$. 所以

$$\frac{t}{u} = \frac{r}{p} = \frac{\frac{56}{5} - u}{12 - t} = \frac{HB}{HA}$$

因

$$r=5, p=\frac{33}{5}, u=\frac{33}{25}t$$

$$12-t=\frac{33\times 56}{125}-\frac{33\times 33}{25\times 25}t$$

所以

$$t=\frac{435}{116}, 12-t=\frac{957}{116}$$

所以 $HD:HA=435:957=5:11$.

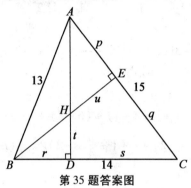

第35题答案图

答案:(B).

36. 图Ⅰ表一圆,其圆心在正三角形的顶角 $C$,在此位置,其弧为 $60°$(因其为圆心角 $60°$ 之对弧).

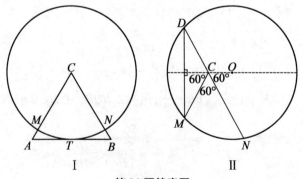

第36题答案图

图Ⅱ,显示此圆于另一许可的位置.圆心平行于三角形底边的线上,延长 *NC* 交圆于 *D*,过 *C* 的直径平分等腰三角形的顶角,所以圆周角 *MDN* 是 30°,故其所对的弧是 60°.

答案:(E).

37. 首证 A.M. 即 $\frac{1}{2}(b+a)$ 大于 G.M. 即 $(ab)^{\frac{1}{2}}$,当 $b \neq a$
$$(b-a)^2 = b^2 - 2ab + a^2 > 0, b^2 + 2ab + a^2 > 4ab$$
$$b + a > 2(ab)^{\frac{1}{2}}, \frac{b+a}{2} > (ab)^{\frac{1}{2}}$$

所以
$$\frac{b+a}{2} - a > (ab)^{\frac{1}{2}} - a, \frac{b-a}{2} > a^{\frac{1}{2}}(b^{\frac{1}{2}} - a^{\frac{1}{2}})$$

所以若
$$b > a, \frac{(b-a)^2}{4} > a[b + a - 2(ab)^{\frac{1}{2}}]$$

所以
$$\frac{(b-a)^2}{8a} > \frac{b+a}{2} - (ab)^{\frac{1}{2}}$$

即 A.M. 和 G.M. 的差小于 $\frac{(b-a)^2}{8a}$.

答案:(D).

38. 如图,令 *y* 表 *QR* 的一半长,令 *x* 表 *M* 至 *P* 到底的高的垂足点,则此高度的平方可写为
$$16 - (y-x)^2 = (\frac{7}{2})^2 - x^2$$

所以
$$(y-x)^2 - x^2 = \frac{15}{4} = y^2 - 2xy$$
$$16 - (y-x)^2 = 7 - (y+x)^2$$

所以
$$(y+x)^2 - (y-x)^2 = 33 = 4xy$$
且 $2xy = \dfrac{33}{2}$,所以 $y^2 - \dfrac{33}{4} = \dfrac{15}{4}$,所以 $y^2 = \dfrac{81}{4}$, $y = \dfrac{9}{2}$,

所以 $QR = 9$.

或按余弦定律
$$\left(\dfrac{7}{2}\right)^2 + y^2 - 2 \cdot \dfrac{7}{2} \cdot y\cos\angle PMQ = 16$$
且
$$\left(\dfrac{7}{2}\right)^2 + y^2 - 2 \cdot \dfrac{7}{2}y\cos(180° - \angle PMQ)$$
$$= \left(\dfrac{7}{2}\right)^2 + y^2 + 7y\cos\angle PMQ = 49$$

所以
$$\dfrac{49}{2} + 2y^2 = 65, y = \dfrac{9}{2}, 2y = 9$$

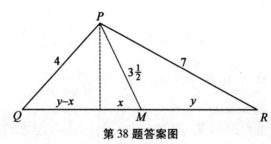

第38题答案图

答案:(D).

39. 过 $P$ 的任一线段,必小于在同一顶点的三角夹边的较长者,因大边对大角,可见 $AA' + BB' + CC' < b + a + a$ 即 $s < 2a + b$ 欲知其他选择可能错,只需考虑点 $P$ 非常接近最长边的一端即可。

答案:(A).

40. 一天有 $60 \times 24 = 1\,440$（min），该表每天慢 $2\frac{1}{2}$（min），即实地走

$$1\,440 - 2\frac{1}{2} = 1\,437\frac{1}{2} \text{（min）}$$

所以须摆正的时间是 $\dfrac{1\,440}{1\,437\frac{1}{2}}$ 或 $\dfrac{576}{575}$.

按该表所走的一分钟为一分，所走的一天为一天来算，今间隔的时间为该表的 $5\frac{5}{6}$ 天，或 $5\frac{5}{6} \times 24 \times 60$. 故得

$$5\frac{5}{6} \times 24 \times 60 + n = 5\frac{5}{6} \times 24 \times 60 \times \frac{576}{575}$$

所以 $n = 140 \times 60 (\dfrac{576}{575} - 1) = 14\dfrac{11}{23}$.

答案:（A）.

# 布查特 – 莫斯特定理

## ——2011 年北大自主招生压轴题的推广

## 0 引 言

俗话说:太阳底下无新事.对于数学试题来说也是如此.尽管许多数学考试的名称是新的,但其中的试题却是旧的,或者它的背景是老的.

历史总是惊人地相似,我们今天的许多貌似新颖的试题不过是多年以前某个国家某一类数学考试的试题.本节以一道 1963 年美国中学生数学竞赛第 37 题为原型.探讨 2011 年北京大学自主招生试题的解法及推广和加强.并通过此对布查特 – 莫斯特定理做一个全面介绍.先看美国数学竞赛试题.

【试题】 已知一直线上依序有 7 点 $P_1, P_2, P_3, P_4, P_5, P_6, P_7$(未必等距),设 $P$ 为直线上任意选取的一点,并设 $S$ 表线段 $PP_1, PP_2, \cdots, PP_7$ 的长的和.

当且仅当点 $P$ 的位置如何,则 $S$ 为最小( ).

(A)介于 $P_1$ 与 $P_7$ 的中点  (B)介于 $P_2$ 与 $P_6$ 的中点
(C)介于 $P_3$ 与 $P_5$ 的中点  (D)在 $P_4$
(E)在 $P_1$

# 1 题目的解答

1.(2011年北大自主招生理科)求
$$|x-1|+|2x-1|+|3x-1|+\cdots+|2011x-1|$$
的最小值.

2.(2006年高考全国 Ⅱ 卷理科12题)函数 $f(x)=\sum_{n=1}^{19}|x-n|$ 的最小值为( ).

(A)190  (B)171  (C)90  (D)45

**解法探究** 两道试题所涉及的函数,都是多个一次函数加绝对值复合而成的,处理绝对值问题最常用的方法就是分类讨论,基于此,下面给出如下解答:

1.**解析** 由零点分区间法讨论去绝对值.

当 $x\in(-\infty,\dfrac{1}{2011}]$ 时
$$f(x)=(1-x)+(1-2x)+\cdots+(1-2011x)$$
斜率
$$k_1=-1-2-3-\cdots-2001$$

当 $x\in(\dfrac{1}{2011},\dfrac{1}{2010}]$ 时
$$f(x)=(1-x)+(1-2x)+\cdots+(1-2010x)+(2010x-1)$$
斜率

$$k_2 = -1-2-3-\cdots-2010+2011$$

当 $x \in (\dfrac{1}{2\,010}, \dfrac{1}{2\,009}]$ 时

$$f(x) = (1-x)+(1-2x)+\cdots+(1-2\,009x)+ \\ (2\,010x-1)+(2\,011x-1)$$

斜率

$$k_3 = -1-2-3-\cdots-2\,009+2\,010+2\,011$$

$\vdots$

当 $x \in (\dfrac{1}{m+1}, \dfrac{1}{m}]$ 时

$$f(x) = (1-x)+(1-2x)+\cdots+(1-mx)+ \\ [(m+1)x-1]+\cdots+ \\ (2\,011x-1)$$

斜率

$$k_{2\,012-m} = -1-2-\cdots-m+(m+1)+ \\ (m+2)+\cdots+2\,011$$

当 $x \in (\dfrac{1}{m}, \dfrac{1}{m-1}]$ 时

$$f(x) = (1-x)+(1-2x)+\cdots+ \\ [1-(m-1)x]+(mx-1)+\cdots+ \\ (2\,011x-1)$$

斜率

$$k_{2\,013-m} = -1-2-\cdots-(m-1)+m+(m+1)+\cdots+2\,011$$

$\vdots$

设当 $x = m$ 时,$f(x)$ 取得最小值,则有

$$\begin{cases} k_{2\,012-m} \leqslant 0 \\ k_{2\,013-m} \geqslant 0 \end{cases}, 即$$

$$\begin{cases} -1-2-\cdots-m+(m+1)+(m+2)+\cdots+2\,011 \leqslant 0 \\ -1-2-\cdots-(m+1)+m+(m+1)+\cdots+2\,011 \geqslant 0 \end{cases}$$

### 附录  布查特-莫斯特定理

即

$$\begin{cases}(m-1)m \leqslant 1\ 006 \times 2\ 011 \\ m(m+1) \geqslant 1\ 006 \times 2\ 011\end{cases}$$

由于 $m \in \mathbf{N}^+$,解得

$$m = 1\ 422$$

所以当 $x \in (\dfrac{1}{1\ 423}, \dfrac{1}{1\ 422}]$ 时

$$\begin{aligned}f(x) &= (1-x)+(1-2x)+\cdots+(1-1\ 422x)+\\ &\quad (1\ 423x-1)+\cdots+(2\ 001x-1)\\ &= 833-1\ 422 \times 1\ 423+1\ 006x\end{aligned}$$

即

$$f_{\min}(x) = f(\dfrac{1}{1\ 422}) = \dfrac{592\ 043}{711}$$

**2. 解析**  $f(x) = \sum\limits_{n=1}^{19} |x-n| = |x-1|+|x-2|+|x-3|+\cdots+|x-19|$ 表示数轴上一点到 $1, 2, 3, \cdots, 19$ 的距离之和,可知 $x$ 在 $1 \sim 19$ 最中间时 $f(x)$ 取最小值,即 $x=10$ 时,$f(x)$ 有最小值 $90$,故选 C.

**试题推广**  题目作完了,心底不由地问自己,这种问题考了又考,能否从这两道题出发,推广,总结,达到作一题通一类.为此,笔者顺势而下,进行了推广:

**推广**  设函数 $f(x) = \sum\limits_{i=1}^{n} p_i |x-a_i|$ ($p_i, a_i \in \mathbf{R}$).

(1) 若 $\sum\limits_{i=1}^{n} p_i > 0$,则 $f_{\min}(x) = \min\{f(a_1), f(a_2), \cdots, f(a_n)\}$,无最大值;

(2) 若 $\sum\limits_{i=1}^{n} p_i = 0$,则 $f_{\min}(x) = \min\{f(a_1), f(a_2), \cdots, f(a_n)\}$,无最大值.

## 2 Chester McMaster 问题

1949 年,美国创刊的《$\pi, \mu, \varepsilon$》(Pi, Mu, Epslion) 杂志的 328 页上,刊登了纽约市的 Chester McMaster 提出的一个有趣的初等数学问题(编号为 41 题):

聚集在纽约市的象棋大师,多于美国其他地方的象棋大师. 计划组织一次象棋比赛,所有的美国象棋大师均应参赛. 而且,比赛应该在使所有参赛大师旅途总和最小的地方举行. 纽约的象棋大师主张,这次比赛必须在他们所在的城市举行. 而西部地区的象棋大师则认为,赛址应选在位于或邻近所有参赛人的中心的城市举行. 双方争执不下,试问,比赛应在什么地方举行为佳?

Chester McMaster 自己给出了一个绝妙的解答,证明了还是纽约市象棋大师的主张是正确的.

**证明** $A = \{A_i | 1 \leq i \leq n\} \triangleq$ 纽约的大师;$B = \{B_i | 1 \leq i \leq m\} \triangleq$ 其他地区的大师.

由已知 $m = |B| < |A| = n$,建立一个映射
$$f: B_i \to A_i \quad (i = 1, 2, \cdots, m)$$
再用此映射,将 $A$ 划分为 $A = X \cup Y$,有
$$X \triangleq \{A_i | f(B_i) = A_i, i = 1, 2, \cdots, m\}$$
$$Y \triangleq \{A_i | \overline{\exists B_i \in B}, 使 f(B_i) = A_i\}$$
则 $X \cap Y = \varnothing$,且
$$X = \{A_i, \cdots, A_m\}, Y = \{A_{m+1}, \cdots, A_n\}$$

(1) $A_i \in X$,则不论赛址选在哪,$A_i$ 与 $B_i$ 总要有一

段旅途,当然其旅途长的和最小为 $A_iB_i$,即纽约距 $B_i$ 所在城市的距离. 由此,全部参赛大师旅途总和 $S \geqslant \sum_{i=1}^{m} A_iB_i$,等号当且仅当赛址选在纽约市时可取得.

(2)假如赛址选在纽约以外的 $O$ 地,则

$$S = \sum_{i=1}^{n} A_iO + \sum_{i=1}^{m} B_iO$$
$$= (\sum_{X} A_iO + \sum_{i=1}^{m} B_iO) + \sum_{Y} A_iO$$
$$\geqslant \sum_{i=1}^{m} A_iB_i + \sum_{Y} A_iO > \sum_{i=1}^{m} A_iB_i$$

由此可见,还是将赛址选在纽约最经济.

## 3 J. H. Butchart, Leo Moser 问题

1952 年美国一个专门登载数学概念注释、原理解说及数学史文章的中学教师刊物——《数学文集》(Scripta Mathematica)发表了 J. H. Butchart 和 Leo Moser 的一篇文章,题为"请不要利用微积分"(No Calculs Please). 在这篇文章中,他们研究了与赛场选址问题相类似的一个问题.

**问题** 在数轴上有 $n$ 个点,$x_1 < x_2 < \cdots < x_n$,今要在数轴上选取一点 $x$,使此点到以上 $n$ 个点的距离总和最小.

他们的想法是:当 $x$ 位于 $x_1$ 和 $x_n$ 之间时,距离 $|x_1x| + |xx_n|$ 最小. 现在,将 $n$ 个点从外向里配对,从而形成一些逐渐向里缩小的区间 $(x_1, x_n), (x_2,$

$x_{n-1}$),…如果 $n$ 是一个奇数,则在配对时只有标号为 $\frac{n+1}{2}$ 的点 $x_{\frac{n+1}{2}}$ 无对可配. 由于是每一对中的两个点至 $x$ 的距离,只有当 $x$ 点位于这两点之间时最小. 所以,当 $x$ 位于最里层区间时,同时可使各对点到该点的距离最小. 因此,若 $n$ 为偶数,则有

$$S = x_1 x + x_2 x + \cdots + x_n x \geqslant x_1 x_2 + x_2 x_{n-1} + \cdots$$

当且仅当 $x$ 位于最内层区间时方取等号. 如果当 $n$ 为奇数时,取 $x = x_{\frac{n+1}{2}}$ 则可得到同样的最小值.

## 4 几个特例

Butchart 和 Moser 问题实质上就是一类绝对值极值问题. $n = 3$ 时,可表述为:

**定理 1** (1985 年上海市初中数学竞赛)设 $a, b, c$ 为常数,且 $a < b < c$,则

$$y = |x - a| + |x - b| + |x - c|$$

的最小值是当 $x = b$ 时,$y_{\min} = c - a$.

我们可以用另外的常用方法加以证明.

**证明** 首先去掉绝对值,分以下几种情况:

(1) 当 $x \geqslant c$ 时

$$y = (x - a) + (x - b) + (x - c) = 3x - (a + b + c)$$

(2) 当 $b \leqslant x < c$ 时

$$y = (x - a) + (x - b) - (x - c) = x - (a + b - c)$$

(3) 当 $x \leqslant a$ 时

$$y = -(x - a) - (x - b) - (x - c) = -3x + (a + b + c)$$

由此,我们得到函数 $y = |x - a| + |x - b| + |x - c|$

的图像如图 1 所示.

其中 $A(b,c-a)$,$B(a,-2a+b+c)$,$D(c,2c-a-b)$.

由于图像是折线,所以最小值必定在 $A,B,D$ 这三个折点处取得. 因为

$$c-a<-2a+b+c$$
$$c-a<2c-a-b$$

所以最小值一定在点 $A$ 处取得,即当 $x=b$ 时,$y_{\min}=c-a$.

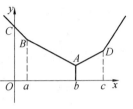

图 1

如果我们取 $a=p,b=15,c=p+15$,则可得到 1983 年第 1 届美国数学邀请赛试题.

**试题 A** 设 $f(x)=|x-p|+|x-15|+|x-p-15|$,其中 $0<p<15$. 决定在区间 $p\leqslant x\leqslant 15$ 上 $f(x)$ 的最小值.

显然有 $x=15$ 时,$f(x)_{\min}=15$.

我们或许还可以搞得再复杂一点. 有如下试题:

**试题 A′** 若 $7\leqslant p\leqslant 8$. 求函数 $y=|x+15-p|+|x+2p-5|+|x+3p-17|$ 的最小值,并求出与函数最小值对应的 $p,x$ 的值.

**解** 函数可化为

$$y=|x-(p-15)|+|x-(5-2p)|+|x-(17-3p)|$$

因为

$$p\geqslant 7\Rightarrow 3p\geqslant 21\Rightarrow p-15\geqslant 6-2p>5-2p$$
$$p\leqslant 8\Rightarrow 4p\leqslant 32\Rightarrow p-15\leqslant 17-3p$$

所以

$$5-2p<p-15\leqslant 17-3p$$

故求 $y$ 的最小值转化为定理 1. 因为 $7\leqslant p\leqslant 8$,从而有

$-8 \leqslant p - 15 \leqslant -7$,则当 $x = p - 15$ 时
$$y_{\min} = (17 - 3p) - (5 - 2p) = 12 - p$$
故当 $p = 8$,即 $x = -7$ 时,$y_{\min} = 4$.

## 5 定理 1 的推广

将定理 1 推广至一般情况即是下列的定理:

**Butchart-Moster 定理** 设 $a_1 \leqslant a_2 \leqslant \cdots \leqslant a_n$,则函数
$$f(x) = |x - a_1| + |x - a_2| + \cdots + |x - a_n|$$
(1) $n = 2k$ 时,区间 $[a_k, a_{k+1}]$ 上每点都是 $f(x)$ 的最小值点,且
$$f(x)_{\min} = \sum_{j=k+1}^{n} a_j - \sum_{j=1}^{k} a_j$$
(2) $n = 2k + 1$ 时,最小值点为 $a_k$,且
$$f(x)_{\min} = \sum_{j=k+1}^{n} a_j - \sum_{j=1}^{k} a_j$$

如果我们将每个绝对值加上权的话,则可得到更一般的定理.

**定理 2** 若 $a_1 < a_2 < \cdots < a_n$,$\lambda_1, \lambda_2, \cdots, \lambda_n$ 为正有理数,那么函数
$$f(x) = \lambda_1 |x - a_1| + \lambda_2 |x - a_2| + \cdots + \lambda_n |x - a_n|$$
存在唯一的极小值.

**证明** 设 $\lambda_i = \dfrac{\beta_i}{\alpha_i}$,$\alpha_i, \beta_i \in \mathbf{N}$,$i = 1, 2, \cdots, n$,记 $\alpha = \prod\limits_{j=1}^{n} \alpha_j$,我们将 $f(x)$ 写成

$$f(x) = \frac{1}{2\alpha}\sum_{i=1}^{n} 2\alpha\lambda_i \mid x - a_i \mid$$

再记 $\theta = \frac{1}{2\alpha}, \sigma_i = \alpha\lambda_i$,则 $m_i \in \mathbf{N}$,且

$$f(x) = \theta \sum_{i=1}^{n} 2\sigma_i \mid x - a_i \mid$$

将下面的 $2(\sigma_1 + \cdots + \sigma_n)$ 个数

$$\underbrace{a_1, \cdots, a_1}_{2\sigma_1 \uparrow}; \underbrace{a_2, \cdots, a_2}_{2\sigma_2 \uparrow}; \cdots; \underbrace{a_n, \cdots, a_n}_{2\sigma_n \uparrow}$$

依次记为

$$b_1 \leqslant b_2 \leqslant \cdots \leqslant b_{2(\sigma_1 + \sigma_2 + \cdots + \sigma_n)}$$

于是

$$f(x) = \theta \sum_{j=1}^{2(\sigma_1+\sigma_2+\cdots+\sigma_n)} \mid x - b_j \mid$$

由 Butchart-Moser 定理知,$f(x)$ 在 $x = b_{\sigma_1 + \sigma_2 + \cdots + \sigma_n}$ 处取到最小值

$$f_{\min}(x) = f(b_{\sigma_1 + \sigma_2 + \cdots + \sigma_n})$$

下面我们给出 $b_{\sigma_1 + \sigma_2 + \cdots + \sigma_n}$ 的求法. 由于当

$$2(\sigma_1 + \cdots + \sigma_{s-1}) + 1 \leqslant j \leqslant 2(\sigma_1 + \cdots + \sigma_s)$$

时有 $b_j = a_s, s = 1, 2, \cdots, n$,因此使 $b_{\sigma_1 + \cdots + \sigma_s} = a_s$ 的那个 $s$ 必须满足

$$2(\sigma_0 + \sigma_1 + \cdots + \sigma_{s-1}) < \sigma_1 + \sigma_2 + \cdots + \sigma_n$$
$$\leqslant 2(\sigma_1 + \sigma_2 + \cdots + \sigma_s)$$

其中 $\sigma_0 = 0$,它仅在 $s = 1$ 时起作用. 用 $2\alpha = 2\prod_{j=1}^{n}\alpha_j$ 除上式各边得

$$\lambda_0 + \lambda_1 + \cdots + \lambda_{s-1} < \frac{\lambda_1 + \cdots + \lambda_n}{2} \leqslant \lambda_1 + \cdots + \lambda_s$$

其中 $\lambda_0 = 0$,它仅在 $s = 1$ 时起作用,利用上面的不等式

组可以定出 $s$ 的值. 并且这个值是唯一确定的. 由 $s$ 便可得到 $f_{\min}(x)$ 和最小值点. 需要指出的是虽然 $s$ 值是唯一的,但是 $f(x)$ 的最小值点有时可能出现不唯一的情形.

如果允许使用一点极限的知识,那么我们还可以将 $\lambda_j$ 推广至任意的实数的情形.

**定理 3**(施咸亮) 设 $a_1 < a_2 < \cdots < a_n$, $\lambda_l > 0$ ($l = 1, \cdots, n$),那么函数

$$f(x) = \sum_{i=1}^{n} \lambda_i \,|\, x - a_i \,|$$

对一切 $x$ 满足不等式 $f(x) \geqslant f(a_s)$,即 $f_{\min}(x) = f(a_s)$,其中 $s \in \mathbf{Z}$ 且满足如下的不等式组

$$\sum_{i=0}^{s-1} \lambda_i < \frac{1}{2} \sum_{i=1}^{n} \lambda_i \leqslant \sum_{i=1}^{s} \lambda_i \qquad ①$$

**证明** 先设 $s$ 满足式①中的不等式的严格不等号,那么存在充分小的正数 $\varepsilon$,使得

$$\sum_{i=0}^{s-1} \lambda_i + 2n\varepsilon < \frac{1}{2} \sum_{i=1}^{n} \lambda_i < \sum_{i=1}^{s} \lambda_i - 2n\varepsilon \qquad ②$$

我们取 $\mathbf{Q}_+$ 中的 $n$ 个序列 $\{\lambda_{1,j}\}, \cdots, \{\lambda_{n,j}\}$,使得

$$|\lambda_{l,j} - \lambda_l| < \varepsilon \quad (l = 1, \cdots, n; j = 1, \cdots, n) \qquad ③$$

$$\lim_{j \to \infty} \lambda_{l,j} = \lambda_l \quad (l = 1, \cdots, n)$$

由 Butchart-Moser 定理的证明可见,当 $x \in [a_1, a_n]$ 时

$$f(x) \geqslant \min\{f(a_1), f(a_n)\}$$

因此我们只需在区间 $[a_1, a_n]$ 上考察 $f(x)$. 在此区间上的函数列

$$f_j(x) = \sum_{l=1}^{n} \lambda_{l,j} \,|\, x - a_l \,|$$

收敛于 $f(x)$,因此,假如诸函数 $f_j(x)$ 有共同的最小值点 $x^*$,则 $x^*$ 也必定是 $f(x)$ 的最小值点. 由此可见,我

们只需证当①成立,且右边不等号成立时,点 $a_s$ 是所有 $f_j(x)$ 的共同最小值点,那么 $a_s$ 便是 $f(x)$ 的最小值点,因为 $\lambda_{l,j} \in \mathbf{Q}_+$,所以由定理 B,只要证明对每个 $j$ 有

$$\lambda_0 + \sum_{l=1}^{s-1} \lambda_{l,j} < \frac{1}{2}\sum_{l=1}^{n} \lambda_{l,j} < \sum_{l=1}^{n} \lambda_{l,j} \qquad ④$$

其中 $s$ 是①的解(右边成立且严格遵循不等号).

事实上,由②和③,得

$$\lambda_0 + \sum_{l=1}^{s-1} \lambda_{l,j} < \sum_{l=1}^{s-1} \lambda_l + n\varepsilon < \frac{1}{2}\sum_{l=1}^{n} \lambda_l - n\varepsilon$$

$$< \frac{1}{2}\sum_{l=1}^{n} (\lambda_{l,j} + \varepsilon) - n\varepsilon$$

$$< \frac{1}{2}\sum_{l=1}^{n} \lambda_{l,j}$$

类似地可以证明

$$\frac{1}{2}\sum_{l=1}^{n} \lambda_{l,j} < \sum_{l=1}^{s} \lambda_{l,j}$$

因此式④成立,从而 $f(x) \geqslant f(a_s)$ 成立.

再设①的第二式等号成立,即

$$\sum_{l=0}^{s-1} \lambda_l < \frac{1}{2}\sum_{l=1}^{n} \lambda_l = \sum_{l=1}^{s} \lambda_l$$

取一个充分小的 $\varepsilon$,使得

$$\sum_{l=0}^{s-1} \lambda_l + 2n\varepsilon < \frac{1}{2}\sum_{l=1}^{n} \lambda_l$$

再取 $\mathbf{Q}_+$ 中的序列使得:

(1) $|\lambda_{l,j} - \lambda_l| < \varepsilon (l=1,\cdots,n; j=1,2,\cdots)$.

(2) 当 $l=1,\cdots,s$ 时,$\lambda_{l,j} > \lambda_{l,j}$;当 $l=s+1,\cdots,n$ 时,$\lambda_{l,j} < \lambda_l$.

(3) $\lim_{j\to\infty} \lambda_{l,j} = \lambda_l (l=1,\cdots,n)$.

这时对于每个 $j$ 有

$$\lambda_0 + \sum_{l=1}^{s-1} \lambda_{l,j} < \sum_{l=1}^{s-1} \lambda_l + n\varepsilon < \frac{1}{2}\sum_{l=1}^{n} - n\varepsilon < \frac{1}{2}\sum_{l=1}^{n} \lambda_{l,j}$$

另一方面有

$$\sum_{l=s+1}^{n} \lambda_{l,j} < \sum_{l=s+1}^{n} \lambda_l = \sum_{l=1}^{s} \lambda_l < \sum_{l=1}^{s} \lambda_{l,j}$$

由定理 2 知 $a_s$ 是诸函数 $f_j(x)$ 的公共最小值点, 因为 $f_j(x)$ 收敛于 $f(x)$, 所以它也是 $f(x)$ 的最小值点. 证毕.

由定理 2 及施咸亮定理立即可求得下列函数:

(1) $f(x) = \sum_{k=1}^{6} k \left| x - \frac{1}{2^k} \right|$;

(2) $f(x) = \sum_{k=1}^{100} 2^k | x - k |$;

(3) $f(x) = \sum_{k=1}^{n} \pi^k | x - a_k |$, 其中 $a_1 < a_2 < \cdots < a_n$.

的最小值分别为 $\frac{45}{32}, 2^{100} \sum_{k=1}^{99} \frac{k}{2^k}, \sum_{k=1}^{n-1} \pi | a_n - a_k |$.

## 6 一个类似的问题

在 1961 年 12 月 2 日举行的第 22 届 Putnam 数学竞赛中也出现了一个绝对值和的极值问题, 只不过是求极大值, 但上述方法仍可借鉴.

**试题 B** 设有 $n$ 个非负实数 $x_k$ 满足不等式 $0 \leqslant x_k \leqslant 1 (k=1,2,\cdots,n)$, 试确定下面 $n$ 元函数的极大值

$$\sum_{1 \leqslant i < j \leqslant n} | x_i - x_j |$$

借鉴定理1的证法,我们可有如下的证法.

**证法1** 不妨设 $1 \geqslant x_1 \geqslant x_2 \geqslant \cdots \geqslant x_n \geqslant 0$,则

$$\sum_{1 \leqslant i < j \leqslant n} |x_i - x_j| = (n-1)x_1 + (n-3)x_2 + \cdots + \left(n+1-2\left[\frac{n+1}{2}\right]\right)x_{\left[\frac{n+1}{2}\right]} + \cdots + (3-n)x_{n-1} + (1-n)x_n$$

其中 $\left[\frac{n+1}{2}\right]$ 表示不超过 $\frac{n+1}{2}$ 的最大整数. 为使 $\sum_{1 \leqslant i < j \leqslant n} |x_i - x_j|$ 达到最大,当且仅当上式中,系数为正数的 $x_i$ 取最大值1,系数为负数的 $x_i$ 取最小值0,也就是当且仅当

$$x_1 = x_2 = \cdots = x_{\left[\frac{n+1}{2}\right]} = 1$$
$$x_{\left[\frac{n+1}{2}\right]+1} = \cdots = x_{n-1} = x_n = 0$$

故最大值等于

$$(n-1) + (n-3) + \cdots + \left(n+1-2\left[\frac{n+1}{2}\right]\right)$$

$$= \left[\frac{n+1}{2}\right]\left(n - \left[\frac{n+1}{2}\right]\right)$$

$$= \begin{cases} \dfrac{n^2}{4}, & \text{当 } n \text{ 是偶数时} \\ \dfrac{n^2-1}{4}, & \text{当 } n \text{ 是奇数时} \end{cases}$$

$$= \left[\frac{n^2}{4}\right]$$

其中 $\left[\dfrac{n^2}{4}\right]$ 表示不超过 $\dfrac{n^2}{4}$ 的最大整数.

如果我们使用凸函数的理论,那么可有如下的证法.

**证法 2** 我们先将 $x_1$ 视为变量,而固定其余 $n-1$ 个量,易证已知的函数(记为 $f(x_1)$)是下凸的,于是除 $f(x_1) = C$(常数),我们有

$$\max f(x_1) = \max\{f(0), f(1)\}$$

已知函数在 $R_n$ 内的定义域是一个有界闭集,故必在某点 $n$ 数组达到极大值. 由于我们将 $x_1$ 取做 0 或 1 时,得到的两个 $n-1$ 元函数的极大值没有变小. 依此类似,当全部 $x_1, x_2, \cdots, x_n$ 分别取为 0 或 1 时,所求函数必定会达到它的极大值.

若诸 $x_k$ 中有 $p$ 个取为 0,有 $n-p$ 个取为 1,则所求函数即化为

$$p(n-p) = \left(\frac{n}{2}\right)^2 - \left(\frac{n}{2} - p\right)^2$$

因此当 $n$ 为偶数时,取 $p = \frac{n}{2}$,即得到所求函数的极大值为 $\frac{n^2}{4}$;当 $n$ 为奇数时,取 $p = \frac{n \pm 1}{2}$,即得所求函数的极大值为 $\frac{n^2 - 1}{4}$.

对于极大值问题,我们还可以得到如下有趣的结果.

**定理 4** 对任意 $n \in \mathbf{N}$,设 $s_1, s_2, \cdots, s_n$ 是任意的实数,$t_1, t_2, \cdots, t_n$ 满足 $t_1 + t_2 + \cdots + t_n$ 是任意的实数. 则 $\sum_{k=1}^{n} \sum_{j=1}^{n} t_k t_j |s_k - s_j|$ 的极大值为 0.

**证明** 只需证不等式 $\sum_{k=1}^{n} \sum_{j=1}^{n} t_k t_j |s_k - s_j| \leq 0$ 恒成立即可.

(1) 当 $n = 2$ 时,可利用恒等式

$$(t_1+t_2)^2-(t_1-t_2)^2=4t_1t_2$$

再利用 $t_1+t_2=0$ 即可证明.

(2) 当 $n=3$ 时, 有
$$0=(t_1+t_2+t_3)^2=t_1^2+t_2^2+t_3^2+2t_1t_2+2t_2t_3+2t_3t_1$$

故

$2t_1t_2|t_1-s_2|+2t_2t_3|s_1-s_2|+2t_3t_1|s_1-s_2|+2t_1t_2|s_2-s_3|+2t_2t_3|s_2-s_3|+2t_3t_1|s_2-s_3|+2t_1t_2|s_3-s_1|+2t_2t_3|s_3-s_1|+2t_3t_1|s_3-s_1|$

$=-(t_1^2+t_2^2+t_3^2)(|s_1-s_2|+|s_2-s_3|+|s_3-s_1|)+2t_3(t_2+t_1)|s_2-s_1|+2t_1(t_2+t_3)|s_2-s_3|+2t_2(t_1+t_3)|s_1-s_3|$

$=-(t_1^2+t_2^2+t_3^2)(|s_1-s_2|+|s_2-s_3|+|s_3-s_1|)+2t_3^2|s_2-s_1|+2t_1^2|s_2-s_3|+2t_2^2|s_3-s_1|$

$=-t_1^2(|s_2-s_1|+|s_1-s_3|)+t_1^2|s_2-s_3|-t_2^2(|s_1-s_2|+|s_2-s_3|)+t_2^2|s_1-s_3|-t_3^2(|s_2-s_3|+|s_3-s_1|)+t_3^2|s_2-s_1|$

再注意到对任意实数 $\alpha,\beta,\gamma$, 有 $|\alpha-\beta|\leq|\alpha-\gamma|+|\gamma-\beta|$, 于是 $n=3$ 时不等式成立.

一般情况完全可用类似的方法证明.

## 7  Butchart-Moser 定理与数学奥林匹克

单墫教授指出,奥林匹克数学不是大学数学,因为它的内容并不超过中学生所能接受的范围;它也不是中学数学,因为它有很多高等数学的背景,采用了许多现代数学中的思想方法. 它是一种"中间数学",起着联系着中学数学与现代数学的桥梁作用. 很多新思想、新方法、新内容通过这座桥梁,源源不断地输入中学,促使中学数学发生一系列改革,从而跟上时代的脚步.

Butchart-Moser 定理一经提出马上引起了世界各国竞赛命题专家的注意,并将其引入到本国的竞赛中,而且给出了中学生易于接受的三角不等式证法.

**试题 C** (1978 年民主德国数学奥林匹克;1980 年捷克数学奥林匹克)对给定的数组 $a_1 < a_2 < \cdots < a_n$,是否存在点 $x \in \mathbf{R}$,使得函数

$$f(x) = \sum_{i=1}^{k} |x - a_i|$$

取到最小值?如果存在,则求出所有这样的点,并求函数 $f(x)$ 的最小值.

在中学数学中涉及绝对值不等式时一般都采用三角不等式证法,下面给出的证法仅用到了三角不等式,所以很适合中学生.

**证明** 首先设 $n = 2k$,其中 $k \in \mathbf{N}$,由三角不等式,有

$$\begin{cases} |x - a_1| + |x - a_2| \geqslant a_n - a_1 \\ |x - a_2| + |x - a_{n-1}| \geqslant a_{n-1} - a_2 \\ \vdots \\ |x - a_k| + |x - a_{k+1}| \geqslant a_{k+1} - a_k \end{cases}$$

由此得到

$$f(x) = \sum_{j=1}^{n} |x - a_i| \geqslant \sum_{i=1}^{k} (a_{n-j+1} - a_j)$$

于是,如果 $x \in [a_k, a_{k+1}]$,则

$$f(x) = \sum_{j=1}^{k} (a_{n-j+1} - a_j)$$

另一方面,如果 $x \notin [a_k, a_{k+1}]$,则

$$|x-a_k|+|x-a_{k+1}|>a_{k+1}-a_k$$

从而

$$f(x) > \sum_{j=1}^{k}(a_{n+j+1}-a_j)$$

于是,对任意 $x \in [a_k, a_{k+1}]$,函数 $f(x)$ 取到最小值

$$\sum_{j=1}^{k}(a_{n-j+1}-a_j)$$

现设 $n = 2k+1$,其中 $k \in \mathbf{N}$,则

$$\begin{cases} |x-a_1|+|x-a_n| \geqslant a_n - a_1 \\ |x-a_2|+|x-a_{n-1}| \geqslant a_{n-1} - a_2 \\ \quad \vdots \\ |x-a_{k-1}|+|x-a_{k+1}| \geqslant a_{k+1}-a_{k-1} \\ |x-a_k| \geqslant 0 \end{cases}$$

由此得到

$$f(x) = \sum_{i=1}^{n}|x-a_i| \geqslant \sum_{j=1}^{k-1}(a_{n-j+1}-a_j)$$

因此,如果 $x = a_k$,则

$$f(x) = \sum_{j=1}^{k-1}(a_{n-j+1}-a_j)$$

而如果 $x \neq a_k$,则

$$f(x) \geqslant \sum_{j=1}^{k-1}(a_{n-j+1}-a_j) + |x-a_k|$$
$$> \sum_{j=1}^{k-1}(a_{n-j+1}-a_j)$$

于是,当 $x = a_k$ 时,函数 $f(x)$ 取得最小值

$$\sum_{j=1}^{k-1}(a_{n-j+1}-a_j)$$

实际上,以上的证明过程不过是用中学生熟悉的语言证明了 Butchart-Moser 定理.

当代著名数学大师陈省身教授曾经指出:"一个好的数学家与一个蹩脚的数学家,差别在于前者手中有很多具体的例子,后者则只有抽象的理论."

奥林匹克数学正是给一般的理论提供了很多具体的范例.

例如在 1950 年 3 月 25 日举行的第 10 届美国 Putnam 数学竞赛(The William Lowell Putnam Mathematical Competition)中有一题就是定理 2 的通俗化描述,并且其解答也摆脱了定理 2 证明那种专业味道,显得平易近人,这无疑对数学的普及是十分有益的.

**试题 D**  在一条笔直的大街上,有 $n$ 座房子,每座房子里有一个或更多个小孩,问:他们应在什么地方相会,走的路程之和才能尽可能地小?

**解**  用数轴表示笔直的大街,$n$ 座房子分别位于 $x_1, x_2, \cdots, x_n$ 处,设 $x_1 < x_2 < \cdots < x_n$,又设各座房子分别有 $a_1, a_2, \cdots, a_n$ 个小孩子,$m = a_1 + a_2 + \cdots + a_n$ 是小孩的总数. 那么,问题等价于求实数 $x$,使

$$f(x) = a_1|x - x_1| + a_2|x - x_2| + \cdots + a_n|x - x_n|$$

达到最小.

因为当 $x < x_1$ 时

$$\begin{aligned} f(x) &= a_1(x_1 - x) + a_2(x_2 - x) + \cdots + a_n(x_n - x) \\ &> a_1(x_1 - x_1) + a_2(x_2 - x_1) + \cdots + a_n(x_n - x_1) \\ &= f(x_1) \end{aligned}$$

故最小值不能在 $(-\infty, x_1)$ 中达到. 同理可证,也不能在 $(x_n, +\infty)$ 中达到. 因为当 $x_i \leqslant x \leqslant x_{i+1}$ 时

$$\begin{aligned} f(x) = {}& a_1(x - x_1) + \cdots + a_i(x - x_i) + \\ & a_{i+1}(x_{i+1} - x) + \cdots + \\ & a_n(x_n - x) \end{aligned}$$

是 $x$ 的线性函数,即 $y=f(x)$ 在 $[x_1,x_n]$ 中的图象是折线,顶点是 $(x_1,f(x_1)),(x_2,f(x_2)),\cdots,(x_n,f(x_n))$.
又因为
$$\begin{aligned}f(x_{i+1})-f(x_i)&=(x_{i+1}-x_i)[(a_1+a_2+\cdots+a_i)-\\&\quad(a_{i+1}+a_{i+2}+\cdots+a_n)]\\&=(x_{i+1}-x_i)[2(a_1+\cdots+a_i)-m]\end{aligned}$$

故

$$f(x_{i+1})-f(x_i)=\begin{cases}>0,若\ a_1+\cdots+a_i>\dfrac{m}{2}\\=0,若\ a_1+\cdots+a_i=\dfrac{m}{2}\\<0,若\ a_1+\cdots+a_i<\dfrac{m}{2}\end{cases}$$

从而,当存在 $i$ 使 $a_1+a_2+\cdots+a_i=\dfrac{m}{2}$ 时,相会地点可选择在 $[x_i,x_{i+1}]$ 中的任何一个地方,即第 $i$ 座房子和第 $(i+1)$ 座房子之间的任何一个地方;如果使 $a_1+a_2+\cdots+a_i=\dfrac{m}{2}$ 的 $i$ 不存在,则存在 $j$,使 $a_1+\cdots+a_j<\dfrac{m}{2}$,$a_1+\cdots+a_j+a_{j+1}>\dfrac{m}{2}$,这时,相会地点可选择在 $x_{j+1}$ 处,即第 $j+1$ 座房子中.

如果说试题 D 中的笔直的大街使人容易联想到数轴,从而建立起合于定理 2 那种数学模型,那么我国 1978 年北京数学竞赛第二试的第 4 题则更加生活化.

**试题 E** 图 2 是一个工厂区的地图,一条公路(粗线)通过这个地区,七个工厂 $A_1,A_2,\cdots,A_7$ 分布在公路两侧,由一些小路(细线)与公路相连.现在要在公路上设一个长途汽车站,车站到各工厂(沿公路,小路

走)的距离总和越小越好. 问:

(1) 这个车站设在什么地方最好?

(2) 证明你所做的结论.

(3) 如果在 $P$ 的地方又建立了一个工厂,并且沿着图上的虚线修了一条小路,那么这时车站设在什么地方好?

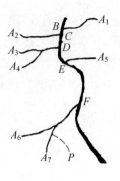

图 2

我们先来看看原命题委员会当年给出的标准答案.

**解** 设 $B,C,D,E,F$ 是各小路通往公路的道口.

(1) 车站设在点 $D$ 最好.

(2) 如果车站设在公路上 $D,C$ 之间的点 $S$,用 $u_1$, $u_2,\cdots,u_7$ 表示 $S$ 到各工厂的路程,$w = u_1 + u_2 + \cdots + u_7$.当 $S$ 向 $C$ 移动一段路程 $d$ 时,$u_1,u_2$ 各减少 $d$,但 $u_3,u_4,u_5,u_6,u_7$ 各增加 $d$,所以 $w$ 增加 $5d - 2d = 3d$. 当 $S$ 自 $C$ 再向 $B$ 移动一段路程 $d'$ 时,$w$ 又增加 $5d' - d' = 5d'$. 如果 $S$ 自 $B$ 向北再移动一段路程 $d''$ 时,$w$ 就再增加 $7d''$. 这说明 $S$ 在点 $D$ 以北的任何地方都不如在点 $D$ 好. 同样,可以证明 $S$ 在点 $D$ 以南的任何地方都不如在点 $D$ 好.

(3) 设在 $D,E$ 或 $D$ 与 $E$ 之间的任何地方都可以.

此解答严格地说并没有使我们感到满意,因为它数学化的很不够,没能建立起一个数学家所喜闻所见的函数模型. 下面我们就来弥补这一不足,只需注意以下两点:

① $A_i (1 \leqslant i \leqslant 7)$ 与 $P$ 到公路的距离之和是定值 $d(A_1B) + d(A_2C) + d(A_3D) + d(A_4D) + d(A_5E) +$

$d(A_6F) + d(A_7F)$,将其设为 $S$,加工厂 $P$ 后为 $S + d(PF)$,记为 $S_1$.

②可将公路拉直,则 $B,C,D,E,F$ 的位置关系不变,且它们之间的距离不变,即这个拉直变换是既保序又保距的,可将直线视为数轴.

设长途汽车站设在 $x$ 处,则问题变为求
$$f_1(x) = S + |x - a_1| + |x - a_2| + 2|x - a_3| + |x - a_4| + 2|x - a_5|$$
$$f_2(x) = S_1 + |x - a_1| + |x - a_2| + 2|x - a_3| + |x - a_4| + 3|x - a_5|$$
的最小值,其中 $a_1$ 是 $B$ 到坐标原点间的距离,$a_2$ 是 $C$ 到原点的距离,$a_3$ 是 $D$ 到原点的距离,$a_4$ 是 $E$ 到原点的距离,$a_5$ 是 $F$ 到原点的距离.

这样就变成了定理 2 的形式,由定理 2 立即可求得 $f_1(x)$ 和 $f_2(x)$ 的最小值点.

J. W. Tukey 指出,我们一旦模拟了实际系统并以数学术语表达了这个模拟,它就常常被称作一个数学模型,我们就能够从中得到指导以解决各种各样的问题.

## 8 一个集训队试题

一个好的解题技巧,应该是普适性较强,而不能是专用性极强. 前面的技巧正是如此.

**试题 F** (1994 年国家数学集训队第一次测验试题)在 $[-1,1]$ 内取 $n$ 个实数 $x_1, x_2, \cdots, x_n$(正整数 $n \geqslant 2$),令 $f_n(x) = (x - x_1)(x - x_2)\cdots(x - x_n)$. 问:是否存

在一对实数 $a,b$,同时满足以下两个条件:

(1) $-1 < a < 0 < b < 1$;

(2) $|f_n(a)| \geq 1, |f_n(b)| \geq 1$.

**解** 由对称性,不妨设 $x_1 \leq x_2 \leq \cdots \leq x_n$. 令
$$g(x) = |x - x_1| + |x - x_2| + \cdots + |x - x_n| \quad ①$$
这里 $x \in [-1,1]$. 当 $x$ 分别属于区间 $[-1, x_1], [x_1, x_2], \cdots, [x_{[\frac{n}{2}]-1}, x_{[\frac{n}{2}]}]$ 时,将上述的 $g(x)$ 表达式中的绝对值符号去掉,而得到的 $x$ 的一次式中 $x$ 项的系数分别为 $-n, -n+2 \cdot 1, \cdots, -n+2\left(\left[\frac{n}{2}\right]-1\right)$,且均为负数;当 $x$ 属于区间 $[x_{[\frac{n}{2}]}, x_{[\frac{x}{2}]+1}]$ 时,$x$ 项的系数为 $-n+2\left[\frac{n}{2}\right]$,即 $-1$(当 $n$ 为奇数时),或 $0$(当 $n$ 为偶数时);当 $x$ 分别属于区间 $[x_{[\frac{n}{2}]+1}, x_{[\frac{x}{2}]+2}], \cdots, [x_{n-1}, x_n], [x_n, 1]$ 时,$x$ 项的系数分别为 $-n+2\left(\left[\frac{n}{2}\right]+1\right), \cdots, -n+2(n-1), -n+2n$,且均为正数.

从而,函数 $g(x)$ 在区间 $[-1, x_{[\frac{n}{2}]}]$ 上严格单调递减,在区间 $[x_{[\frac{n}{2}]}, x_{[\frac{x}{2}]+1}]$ 上严格单调递减或为常值,在区间 $[x_{[\frac{n}{2}]+1}, 1]$ 上严格单调递增.

于是,如果
$$-1 \leq y_1 < y_2 < y_3 \leq 1$$
立刻可以看到
$$g(y_2) \leq \max(g(y_1), g(y_3))$$
这里 $\max(g(y_1), g(y_3))$ 表示 $g(y_1), g(y_3)$ 中较大的一个. 例如 $\max(1,3) = 3, \max\left(-2, \frac{1}{2}\right) = \frac{1}{2}$ 等.

$$g(-1) + g(1) = \sum_{i=1}^{n} |-1 - x_i| + \sum_{i=1}^{n} |1 - x_i|$$

## 附录 布查特-莫斯特定理

$$= \sum_{i=1}^{n}[(1+x_i)+(1-x_i)] = 2n \qquad ②$$

$$g(0) = \sum_{i=1}^{n}|x_i| \leqslant n \qquad ③$$

如果 $g(-1) \leqslant g(1)$,那么由②,有 $g(-1) \leqslant n, \forall a \in (-1,0)$. 由②和③,有

$$g(a) \leqslant \max(g(-1), g(0)) \leqslant n \qquad ④$$

那么,利用几何平均与算术平均不等式,有

$$|f_n(a)| = |a-x_1||a-x_2|\cdots|a-x_n|$$

$$\leqslant \left[\frac{1}{n}(|a-x_1|+|a-x_2|+\cdots+|a-x_n|)\right]^n$$

$$= \left[\frac{1}{n}g(a)\right]^n \leqslant 1 \qquad ⑤$$

下面我们考虑其中等号成立的条件. 第二个不等式为等式,当且仅当 $g(a)=n$ 时等号成立. 再利用④,可以知道 $g(0),g(-1)$ 中至少有一个为 $n$. 若 $g(0)=n$,由定理1的推广中的④,可以看到所有 $x_i$(注意 $x_i \in [-1,1]$)的绝对值均为1. 又 $g(a)=n$,如果所有 $x_i$ 为1,则

$$g(a) = n(1-a) > n$$

如果所有 $x_i$ 为 $-1$,$g(a)=n(a+1)<n$. 这是一个矛盾,这表明全部 $x_i$ 中,有一些为1,有一些为 $-1$. 当 $x_i=1$ 时,有

$$|a-x_i| = 1-a > 1$$

当 $x_j=-1$ 时,有 $|a-x_j|=1+a<1$. 这表明⑤的第一个不等式不可能取等号. 若 $g(-1)=n$,由定理1的推广中的③,有 $g(1)=n$,又 $g(a)=n$,利用前面对 $g(x)$ 递减、递增性质的分析(参考图像),可以知道,$\forall x \in$

$[-1,1]$,有 $g(x)=n$. 那么 $g(0)=n$,化为前面的情况,从而有 $|f_n(a)|<1$.

如果 $g(1) \leqslant g(-1)$,由②,有 $g(1) \leqslant n$. 完全类似上述证明,可以得到 $\forall b \in (0,1)$,有 $|f_n(b)|<1$. 因此,满足题目要求的实数对 $(a,b)$ 不存在.

## 9　结束语

《全苏数学奥林匹克试题》一书的作者在序言中曾这样评价这类竞赛试题:

"常常有一些题目取自一些游戏,而另一些则取自日常生活,有一些试题是作为一种探讨而提出来的,其目的是为了寻求一种适当的计算方法——最大或最小值的最优估计,这是数学上的一个典型方法……

这样一来,通过奥林匹克竞赛试题就能使人们了解到真正的数学——古典的和现代的. 同样,这些试题也多少反映了最新的数学方法,这些方法正逐年变得时兴起来."

以上我们对此类竞赛试题的研究,从某种意义上讲也是一种数学创造,因为正如《美国数学月刊》前主编 P. R. Halmos 所指出:

"有一种把数学创造分类的方法,它可以是对旧事实的一个新的证明,可以是一个新的事实,或者可以是同时针对几个事实的一个新方法."

# 哈尔滨工业大学出版社刘培杰数学工作室
# 已出版（即将出版）图书目录

| 书　名 | 出版时间 | 定　价 | 编号 |
|---|---|---|---|
| 新编中学数学解题方法全书(高中版)上卷 | 2007—09 | 38.00 | 7 |
| 新编中学数学解题方法全书(高中版)中卷 | 2007—09 | 48.00 | 8 |
| 新编中学数学解题方法全书(高中版)下卷(一) | 2007—09 | 42.00 | 17 |
| 新编中学数学解题方法全书(高中版)下卷(二) | 2007—09 | 38.00 | 18 |
| 新编中学数学解题方法全书(高中版)下卷(三) | 2010—06 | 58.00 | 73 |
| 新编中学数学解题方法全书(初中版)上卷 | 2008—01 | 28.00 | 29 |
| 新编中学数学解题方法全书(初中版)中卷 | 2010—07 | 38.00 | 75 |
| 新编中学数学解题方法全书(高考复习卷) | 2010—01 | 48.00 | 67 |
| 新编中学数学解题方法全书(高考真题卷) | 2010—01 | 38.00 | 62 |
| 新编中学数学解题方法全书(高考精华卷) | 2011—03 | 68.00 | 118 |
| 新编平面解析几何解题方法全书(专题讲座卷) | 2010—01 | 18.00 | 61 |
| 新编中学数学解题方法全书(自主招生卷) | 2013—08 | 88.00 | 261 |
| 数学眼光透视 | 2008—01 | 38.00 | 24 |
| 数学思想领悟 | 2008—01 | 38.00 | 25 |
| 数学应用展观 | 2008—01 | 38.00 | 26 |
| 数学建模导引 | 2008—01 | 28.00 | 23 |
| 数学方法溯源 | 2008—01 | 38.00 | 27 |
| 数学史话览胜 | 2008—01 | 28.00 | 28 |
| 数学思维技术 | 2013—09 | 38.00 | 260 |
| 从毕达哥拉斯到怀尔斯 | 2007—10 | 48.00 | 9 |
| 从迪利克雷到维斯卡尔迪 | 2008—01 | 48.00 | 21 |
| 从哥德巴赫到陈景润 | 2008—05 | 98.00 | 35 |
| 从庞加莱到佩雷尔曼 | 2011—08 | 138.00 | 136 |
| 数学解题中的物理方法 | 2011—06 | 28.00 | 114 |
| 数学解题的特殊方法 | 2011—06 | 48.00 | 115 |
| 中学数学计算技巧 | 2012—01 | 48.00 | 116 |
| 中学数学证明方法 | 2012—01 | 58.00 | 117 |
| 数学趣题巧解 | 2012—03 | 28.00 | 128 |
| 三角形中的角格点问题 | 2013—01 | 88.00 | 207 |
| 含参数的方程和不等式 | 2012—09 | 28.00 | 213 |

# 哈尔滨工业大学出版社刘培杰数学工作室
# 已出版(即将出版)图书目录

| 书 名 | 出版时间 | 定价 | 编号 |
|---|---|---|---|
| 数学奥林匹克与数学文化(第一辑) | 2006—05 | 48.00 | 4 |
| 数学奥林匹克与数学文化(第二辑)(竞赛卷) | 2008—01 | 48.00 | 19 |
| 数学奥林匹克与数学文化(第二辑)(文化卷) | 2008—07 | 58.00 | 36 |
| 数学奥林匹克与数学文化(第三辑)(竞赛卷) | 2010—01 | 48.00 | 59 |
| 数学奥林匹克与数学文化(第四辑)(竞赛卷) | 2011—08 | 58.00 | 87 |
| 发展空间想象力 | 2010—01 | 38.00 | 57 |
| 走向国际数学奥林匹克的平面几何试题诠释(上、下)(第1版) | 2007—01 | 68.00 | 11,12 |
| 走向国际数学奥林匹克的平面几何试题诠释(上、下)(第2版) | 2010—02 | 98.00 | 63,64 |
| 平面几何证明方法全书 | 2007—08 | 35.00 | 1 |
| 平面几何证明方法全书习题解答(第1版) | 2005—10 | 18.00 | 2 |
| 平面几何证明方法全书习题解答(第2版) | 2006—12 | 18.00 | 10 |
| 平面几何天天练上卷·基础篇(直线型) | 2013—01 | 58.00 | 208 |
| 平面几何天天练中卷·基础篇(涉及圆) | 2013—01 | 28.00 | 234 |
| 平面几何天天练下卷·提高篇 | 2013—01 | 58.00 | 237 |
| 平面几何专题研究 | 2013—07 | 98.00 | 258 |
| 最新世界各国数学奥林匹克中的平面几何试题 | 2007—09 | 38.00 | 14 |
| 数学竞赛平面几何典型题及新颖解 | 2010—07 | 48.00 | 74 |
| 初等数学复习及研究(平面几何) | 2008—09 | 58.00 | 38 |
| 初等数学复习及研究(立体几何) | 2010—06 | 38.00 | 71 |
| 初等数学复习及研究(平面几何)习题解答 | 2009—01 | 48.00 | 42 |
| 世界著名平面几何经典著作钩沉——几何作图专题卷(上) | 2009—06 | 48.00 | 49 |
| 世界著名平面几何经典著作钩沉——几何作图专题卷(下) | 2011—01 | 88.00 | 80 |
| 世界著名平面几何经典著作钩沉(民国平面几何老课本) | 2011—03 | 38.00 | 113 |
| 世界著名解析几何经典著作钩沉——平面解析几何卷 | 2014—01 | 38.00 | 273 |
| 世界著名数论经典著作钩沉(算术卷) | 2012—01 | 28.00 | 125 |
| 世界著名数学经典著作钩沉——立体几何卷 | 2011—02 | 28.00 | 88 |
| 世界著名三角学经典著作钩沉(平面三角卷Ⅰ) | 2010—06 | 28.00 | 69 |
| 世界著名三角学经典著作钩沉(平面三角卷Ⅱ) | 2011—01 | 38.00 | 78 |
| 世界著名初等数论经典著作钩沉(理论和实用算术卷) | 2011—07 | 38.00 | 126 |
| 几何学教程(平面几何卷) | 2011—03 | 68.00 | 90 |
| 几何学教程(立体几何卷) | 2011—07 | 68.00 | 130 |
| 几何变换与几何证题 | 2010—06 | 88.00 | 70 |
| 计算方法与几何证题 | 2011—06 | 28.00 | 129 |
| 立体几何技巧与方法 | 2014—04 | 88.00 | 293 |
| 几何瑰宝——平面几何500名题暨1000条定理(上、下) | 2010—07 | 138.00 | 76,77 |
| 三角形的解法与应用 | 2012—07 | 18.00 | 183 |
| 近代的三角形几何学 | 2012—07 | 48.00 | 184 |
| 一般折线几何学 | 即将出版 | 58.00 | 203 |
| 三角形的五心 | 2009—06 | 28.00 | 51 |
| 三角形趣谈 | 2012—08 | 28.00 | 212 |
| 解三角形 | 2014—01 | 28.00 | 265 |
| 圆锥曲线习题集(上) | 2013—06 | 68.00 | 255 |

Ⅱ

# 哈尔滨工业大学出版社刘培杰数学工作室
# 已出版(即将出版)图书目录

| 书　名 | 出版时间 | 定价 | 编号 |
|---|---|---|---|
| 俄罗斯平面几何问题集 | 2009—08 | 88.00 | 55 |
| 俄罗斯立体几何问题集 | 2014—03 | 58.00 | 283 |
| 俄罗斯几何大师——沙雷金论数学及其他 | 2014—01 | 48.00 | 271 |
| 来自俄罗斯的5000道几何习题及解答 | 2011—03 | 58.00 | 89 |
| 俄罗斯初等数学问题集 | 2012—05 | 38.00 | 177 |
| 俄罗斯函数问题集 | 2011—03 | 38.00 | 103 |
| 俄罗斯组合分析问题集 | 2011—01 | 48.00 | 79 |
| 俄罗斯初等数学万题选——三角卷 | 2012—11 | 38.00 | 222 |
| 俄罗斯初等数学万题选——代数卷 | 2013—08 | 68.00 | 225 |
| 俄罗斯初等数学万题选——几何卷 | 2014—01 | 68.00 | 226 |
| 463个俄罗斯几何老问题 | 2012—01 | 28.00 | 152 |
| 近代欧氏几何学 | 2012—03 | 48.00 | 162 |
| 罗巴切夫斯基几何学及几何基础概要 | 2012—07 | 28.00 | 188 |
| 超越吉米多维奇——数列的极限 | 2009—11 | 48.00 | 58 |
| Barban Davenport Halberstam均值和 | 2009—01 | 40.00 | 33 |
| 初等数论难题集(第一卷) | 2009—05 | 68.00 | 44 |
| 初等数论难题集(第二卷)(上、下) | 2011—02 | 128.00 | 82,83 |
| 谈谈素数 | 2011—03 | 18.00 | 91 |
| 平方和 | 2011—03 | 18.00 | 92 |
| 数论概貌 | 2011—03 | 18.00 | 93 |
| 代数数论(第二版) | 2013—08 | 58.00 | 94 |
| 代数多项式 | 2014—05 | 38.00 | 289 |
| 初等数论的知识与问题 | 2011—02 | 28.00 | 95 |
| 超越数论基础 | 2011—03 | 28.00 | 96 |
| 数论初等教程 | 2011—03 | 28.00 | 97 |
| 数论基础 | 2011—03 | 18.00 | 98 |
| 数论基础与维诺格拉多夫 | 2014—03 | 18.00 | 292 |
| 解析数论基础 | 2012—08 | 28.00 | 216 |
| 解析数论基础(第二版) | 2014—01 | 48.00 | 287 |
| 数论入门 | 2011—03 | 38.00 | 99 |
| 数论开篇 | 2012—07 | 28.00 | 194 |
| 解析数论引论 | 2011—03 | 48.00 | 100 |
| 复变函数引论 | 2013—10 | 68.00 | 269 |
| 无穷分析引论(上) | 2013—04 | 88.00 | 247 |
| 无穷分析引论(下) | 2013—04 | 98.00 | 245 |

# 哈尔滨工业大学出版社刘培杰数学工作室
# 已出版(即将出版)图书目录

| 书　名 | 出版时间 | 定　价 | 编号 |
|---|---|---|---|
| 数学分析 | 2014—04 | 28.00 | 338 |
| 数学分析中的一个新方法及其应用 | 2013—01 | 38.00 | 231 |
| 数学分析例选:通过范例学技巧 | 2013—01 | 88.00 | 243 |
| 三角级数论(上册)(陈建功) | 2013—01 | 38.00 | 232 |
| 三角级数论(下册)(陈建功) | 2013—01 | 48.00 | 233 |
| 三角级数论(哈代) | 2013—06 | 48.00 | 254 |
| 基础数论 | 2011—03 | 28.00 | 101 |
| 超越数 | 2011—03 | 18.00 | 109 |
| 三角和方法 | 2011—03 | 18.00 | 112 |
| 谈谈不定方程 | 2011—05 | 28.00 | 119 |
| 整数论 | 2011—05 | 38.00 | 120 |
| 随机过程(Ⅰ) | 2014—01 | 78.00 | 224 |
| 随机过程(Ⅱ) | 2014—01 | 68.00 | 235 |
| 整数的性质 | 2012—11 | 38.00 | 192 |
| 初等数论100例 | 2011—05 | 18.00 | 122 |
| 初等数论经典例题 | 2012—07 | 18.00 | 204 |
| 最新世界各国数学奥林匹克中的初等数论试题(上、下) | 2012—01 | 138.00 | 144,145 |
| 算术探索 | 2011—12 | 158.00 | 148 |
| 初等数论(Ⅰ) | 2012—01 | 18.00 | 156 |
| 初等数论(Ⅱ) | 2012—01 | 18.00 | 157 |
| 初等数论(Ⅲ) | 2012—01 | 28.00 | 158 |
| 组合数学 | 2012—04 | 28.00 | 178 |
| 组合数学浅谈 | 2012—03 | 28.00 | 159 |
| 同余理论 | 2012—05 | 38.00 | 163 |
| 丢番图方程引论 | 2012—03 | 48.00 | 172 |
| 平面几何与数论中未解决的新老问题 | 2013—01 | 68.00 | 229 |
| 历届美国中学生数学竞赛试题及解答(第一卷)1950—1954 | 2014—06 | 18.00 | 277 |
| 历届美国中学生数学竞赛试题及解答(第二卷)1955—1959 | 2014—04 | 18.00 | 278 |
| 历届美国中学生数学竞赛试题及解答(第三卷)1960—1964 | 2014—06 | 18.00 | 279 |
| 历届美国中学生数学竞赛试题及解答(第四卷)1965—1969 | 2014—04 | 28.00 | 280 |
| 历届美国中学生数学竞赛试题及解答(第五卷)1970—1972 | 2014—06 | 18.00 | 281 |

# 哈尔滨工业大学出版社刘培杰数学工作室已出版(即将出版)图书目录

| 书　名 | 出版时间 | 定　价 | 编号 |
|---|---|---|---|
| 历届 IMO 试题集(1959—2005) | 2006—05 | 58.00 | 5 |
| 历届 CMO 试题集 | 2008—09 | 28.00 | 40 |
| 历届加拿大数学奥林匹克试题集 | 2012—08 | 38.00 | 215 |
| 历届美国数学奥林匹克试题集:多解推广加强 | 2012—08 | 38.00 | 209 |
| 历届国际大学生数学竞赛试题集(1994—2010) | 2012—01 | 28.00 | 143 |
| 全国大学生数学夏令营数学竞赛试题及解答 | 2007—03 | 28.00 | 15 |
| 全国大学生数学竞赛辅导教程 | 2012—07 | 28.00 | 189 |
| 全国大学生数学竞赛复习全书 | 2014—04 | 48.00 | 340 |
| 历届美国大学生数学竞赛试题集 | 2009—03 | 88.00 | 43 |
| 前苏联大学生数学奥林匹克竞赛题解(上编) | 2012—04 | 28.00 | 169 |
| 前苏联大学生数学奥林匹克竞赛题解(下编) | 2012—04 | 38.00 | 170 |
| 历届美国数学邀请赛试题集 | 2014—01 | 48.00 | 270 |
| 整函数 | 2012—08 | 18.00 | 161 |
| 多项式和无理数 | 2008—01 | 68.00 | 22 |
| 模糊数据统计学 | 2008—03 | 48.00 | 31 |
| 模糊分析学与特殊泛函空间 | 2013—01 | 68.00 | 241 |
| 受控理论与解析不等式 | 2012—05 | 78.00 | 165 |
| 解析不等式新论 | 2009—06 | 68.00 | 48 |
| 反问题的计算方法及应用 | 2011—11 | 28.00 | 147 |
| 建立不等式的方法 | 2011—03 | 98.00 | 104 |
| 数学奥林匹克不等式研究 | 2009—08 | 68.00 | 56 |
| 不等式研究(第二辑) | 2012—02 | 68.00 | 153 |
| 初等数学研究(Ⅰ) | 2008—09 | 68.00 | 37 |
| 初等数学研究(Ⅱ)(上、下) | 2009—05 | 118.00 | 46,47 |
| 中国初等数学研究　2009卷(第1辑) | 2009—05 | 20.00 | 45 |
| 中国初等数学研究　2010卷(第2辑) | 2010—05 | 30.00 | 68 |
| 中国初等数学研究　2011卷(第3辑) | 2011—07 | 60.00 | 127 |
| 中国初等数学研究　2012卷(第4辑) | 2012—07 | 48.00 | 190 |
| 中国初等数学研究　2014卷(第5辑) | 2014—02 | 48.00 | 288 |
| 数阵及其应用 | 2012—02 | 28.00 | 164 |
| 绝对值方程—折边与组合图形的解析研究 | 2012—07 | 48.00 | 186 |
| 不等式的秘密(第一卷) | 2012—02 | 28.00 | 154 |
| 不等式的秘密(第一卷)(第2版) | 2014—02 | 38.00 | 286 |
| 不等式的秘密(第二卷) | 2014—01 | 38.00 | 268 |

# 哈尔滨工业大学出版社刘培杰数学工作室
## 已出版（即将出版）图书目录

| 书　名 | 出版时间 | 定　价 | 编号 |
|---|---|---|---|
| 初等不等式的证明方法 | 2010—06 | 38.00 | 123 |
| 数学奥林匹克问题集 | 2014—01 | 38.00 | 267 |
| 数学奥林匹克不等式散论 | 2010—06 | 38.00 | 124 |
| 数学奥林匹克不等式欣赏 | 2011—09 | 38.00 | 138 |
| 数学奥林匹克超级题库(初中卷上) | 2010—01 | 58.00 | 66 |
| 数学奥林匹克不等式证明方法和技巧(上、下) | 2011—08 | 158.00 | 134,135 |
| 近代拓扑学研究 | 2013—04 | 38.00 | 239 |
| 新编640个世界著名数学智力趣题 | 2014—01 | 88.00 | 242 |
| 500个最新世界著名数学智力趣题 | 2008—06 | 48.00 | 3 |
| 400个最新世界著名数学最值问题 | 2008—09 | 48.00 | 36 |
| 500个世界著名数学征解问题 | 2009—06 | 48.00 | 52 |
| 400个中国最佳初等数学征解老问题 | 2010—01 | 48.00 | 60 |
| 500个俄罗斯数学经典老题 | 2011—01 | 28.00 | 81 |
| 1000个国外中学物理好题 | 2012—04 | 48.00 | 174 |
| 300个日本高考数学题 | 2012—05 | 38.00 | 142 |
| 500个前苏联早期高考数学试题及解答 | 2012—05 | 28.00 | 185 |
| 546个早期俄罗斯大学生数学竞赛题 | 2014—03 | 38.00 | 285 |
| 博弈论精粹 | 2008—03 | 58.00 | 30 |
| 数学 我爱你 | 2008—01 | 28.00 | 20 |
| 精神的圣徒　别样的人生——60位中国数学家成长的历程 | 2008—09 | 48.00 | 39 |
| 数学史概论 | 2009—06 | 78.00 | 50 |
| 数学史概论(精装) | 2013—03 | 158.00 | 272 |
| 斐波那契数列 | 2010—02 | 28.00 | 65 |
| 数学拼盘和斐波那契魔方 | 2010—07 | 38.00 | 72 |
| 斐波那契数列欣赏 | 2011—01 | 28.00 | 160 |
| 数学的创造 | 2011—02 | 48.00 | 85 |
| 数学中的美 | 2011—02 | 38.00 | 84 |
| 王连笑教你怎样学数学——高考选择题解题策略与客观题实用训练 | 2014—01 | 48.00 | 262 |
| 最新全国及各省市高考数学试卷解法研究及点拨评析 | 2009—02 | 38.00 | 41 |
| 高考数学的理论与实践 | 2009—08 | 38.00 | 53 |
| 中考数学专题总复习 | 2007—04 | 28.00 | 6 |
| 向量法巧解数学高考题 | 2009—08 | 28.00 | 54 |
| 高考数学核心题型解题方法与技巧 | 2010—01 | 28.00 | 86 |
| 高考思维新平台 | 2014—03 | 38.00 | 259 |
| 数学解题——靠数学思想给力(上) | 2011—07 | 38.00 | 131 |
| 数学解题——靠数学思想给力(中) | 2011—07 | 48.00 | 132 |
| 数学解题——靠数学思想给力(下) | 2011—07 | 38.00 | 133 |
| 我怎样解题 | 2013—01 | 48.00 | 227 |

# 哈尔滨工业大学出版社刘培杰数学工作室
## 已出版(即将出版)图书目录

| 书　名 | 出版时间 | 定　价 | 编号 |
|---|---|---|---|
| 2011年全国及各省市高考数学试题审题要津与解法研究 | 2011－10 | 48.00 | 139 |
| 2013年全国及各省市高考数学试题解析与点评 | 2014－01 | 48.00 | 282 |
| 新课标高考数学——五年试题分章详解(2007～2011)(上、下) | 2011－10 | 78.00 | 140,141 |
| 30分钟拿下高考数学选择题、填空题 | 2012－01 | 48.00 | 146 |
| 全国中考数学压轴题审题要津与解法研究 | 2013－04 | 78.00 | 248 |
| 新编全国及各省市中考数学压轴题审题要津与解法研究 | 2014－05 | 58.00 | 342 |
| 高考数学压轴题解题诀窍(上) | 2012－02 | 78.00 | 166 |
| 高考数学压轴题解题诀窍(下) | 2012－03 | 28.00 | 167 |
| 格点和面积 | 2012－07 | 18.00 | 191 |
| 射影几何趣谈 | 2012－04 | 28.00 | 175 |
| 斯潘纳尔引理——从一道加拿大数学奥林匹克试题谈起 | 2014－01 | 18.00 | 228 |
| 李普希兹条件——从几道近年高考数学试题谈起 | 2012－10 | 18.00 | 221 |
| 拉格朗日中值定理——从一道北京高考试题的解法谈起 | 2012－10 | 18.00 | 197 |
| 闵科夫斯基定理——从一道清华大学自主招生试题谈起 | 2014－01 | 28.00 | 198 |
| 哈尔测度——从一道冬令营试题的背景谈起 | 2012－08 | 28.00 | 202 |
| 切比雪夫逼近问题——从一道中国台北数学奥林匹克试题谈起 | 2013－04 | 38.00 | 238 |
| 伯恩斯坦多项式与贝齐尔曲面——从一道全国高中数学联赛试题谈起 | 2013－03 | 38.00 | 236 |
| 卡塔兰猜想——从一道普特南竞赛试题谈起 | 2013－06 | 18.00 | 256 |
| 麦卡锡函数和阿克曼函数——从一道前南斯拉夫数学奥林匹克试题谈起 | 2012－08 | 18.00 | 201 |
| 贝蒂定理与拉姆贝克莫斯尔定理——从一个拣石子游戏谈起 | 2012－08 | 18.00 | 217 |
| 皮亚诺曲线和豪斯道夫分球定理——从无限集谈起 | 2012－08 | 18.00 | 211 |
| 平面凸图形与凸多面体 | 2012－10 | 28.00 | 218 |
| 斯坦因豪斯问题——从一道二十五省市自治区中学数学竞赛试题谈起 | 2012－07 | 18.00 | 196 |
| 纽结理论中的亚历山大多项式与琼斯多项式——从一道北京市高一数学竞赛试题谈起 | 2012－07 | 28.00 | 195 |
| 原则与策略——从波利亚"解题表"谈起 | 2013－04 | 38.00 | 244 |
| 转化与化归——从三大尺规作图不能问题谈起 | 2012－08 | 28.00 | 214 |
| 代数几何中的贝祖定理(第一版)——从一道IMO试题的解法谈起 | 2013－08 | 38.00 | 193 |
| 成功连贯理论与约当块理论——从一道比利时数学竞赛试题谈起 | 2012－04 | 18.00 | 180 |
| 磨光变换与范·德·瓦尔登猜想——从一道环球城市竞赛试题谈起 | 即将出版 | | |
| 素数判定与大数分解 | 即将出版 | 18.00 | 199 |
| 置换多项式及其应用 | 2012－10 | 18.00 | 220 |
| 椭圆函数与模函数——从一道美国加州大学洛杉矶分校(UCLA)博士资格考题谈起 | 2012－10 | 38.00 | 219 |
| 差分方程的拉格朗日方法——从一道2011年全国高考理科试题的解法谈起 | 2012－08 | 28.00 | 200 |

# 哈尔滨工业大学出版社刘培杰数学工作室
# 已出版(即将出版)图书目录

| 书　名 | 出版时间 | 定　价 | 编号 |
|---|---|---|---|
| 力学在几何中的一些应用 | 2013—01 | 38.00 | 240 |
| 高斯散度定理、斯托克斯定理和平面格林定理——从一道国际大学生数学竞赛试题谈起 | 即将出版 | | |
| 康托洛维奇不等式——从一道全国高中联赛试题谈起 | 2013—03 | 28.00 | 337 |
| 西格尔引理——从一道第18届IMO试题的解法谈起 | 即将出版 | | |
| 罗斯定理——从一道前苏联数学竞赛试题谈起 | 即将出版 | | |
| 拉克斯定理和阿廷定理——从一道IMO试题的解法谈起 | 2014—01 | 58.00 | 246 |
| 毕卡大定理——从一道美国大学数学竞赛试题谈起 | 即将出版 | | |
| 贝齐尔曲线——从一道全国高中联赛试题谈起 | 即将出版 | | |
| 拉格朗日乘子定理——从一道2005年全国高中联赛试题谈起 | 即将出版 | | |
| 雅可比定理——从一道日本数学奥林匹克试题谈起 | 2013—04 | 48.00 | 249 |
| 李天岩-约克定理——从一道波兰数学竞赛试题谈起 | 即将出版 | | |
| 整系数多项式因式分解的一般方法——从克朗耐克算法谈起 | 即将出版 | | |
| 布劳维不动点定理——从一道前苏联数学奥林匹克试题谈起 | 2014—01 | 38.00 | 273 |
| 压缩不动点定理——从一道高考数学试题的解法谈起 | 即将出版 | | |
| 伯恩赛德定理——从一道英国数学奥林匹克试题谈起 | 即将出版 | | |
| 布查特-莫斯特定理——从一道上海市初中竞赛试题谈起 | 即将出版 | | |
| 数论中的同余数问题——从一道普特南竞赛试题谈起 | 即将出版 | | |
| 范·德蒙行列式——从一道美国数学奥林匹克试题谈起 | 即将出版 | | |
| 中国剩余定理——从一道美国数学奥林匹克试题的解法谈起 | 即将出版 | | |
| 牛顿程序与方程求根——从一道全国高考试题解法谈起 | 即将出版 | | |
| 库默尔定理——从一道IMO预选试题谈起 | 即将出版 | | |
| 卢丁定理——从一道冬令营试题的解法谈起 | 即将出版 | | |
| 沃斯滕霍姆定理——从一道IMO预选试题谈起 | 即将出版 | | |
| 卡尔松不等式——从一道莫斯科数学奥林匹克试题谈起 | 即将出版 | | |
| 信息论中的香农熵——从一道近年高考压轴题谈起 | 即将出版 | | |
| 约当不等式——从一道希望杯竞赛试题谈起 | 即将出版 | | |
| 拉比诺维奇定理 | 即将出版 | | |
| 刘维尔定理——从一道《美国数学月刊》征解问题的解法谈起 | 即将出版 | | |
| 卡塔兰恒等式与级数求和——从一道IMO试题的解法谈起 | 即将出版 | | |
| 勒让德猜想与素数分布——从一道爱尔兰竞赛试题谈起 | 即将出版 | | |
| 天平称重与信息论——从一道基辅市数学奥林匹克试题谈起 | 即将出版 | | |

# 哈尔滨工业大学出版社刘培杰数学工作室
# 已出版(即将出版)图书目录

| 书　名 | 出版时间 | 定　价 | 编号 |
|---|---|---|---|
| 艾思特曼定理——从一道CMO试题的解法谈起 | 即将出版 | | |
| 一个爱尔特希问题——从一道西德数学奥林匹克试题谈起 | 即将出版 | | |
| 有限群中的爱丁格尔问题——从一道北京市初中二年级数学竞赛试题谈起 | 即将出版 | | |
| 贝克码与编码理论——从一道全国高中联赛试题谈起 | 即将出版 | | |
| 帕斯卡三角形 | 2014—03 | 18.00 | 294 |
| 蒲丰投针问题——从2009年清华大学的一道自主招生试题谈起 | 2014—01 | 38.00 | 295 |
| 斯图姆定理——从一道"华约"自主招生试题的解法谈起 | 2014—01 | 18.00 | 296 |
| 许瓦兹引理——从一道加利福尼亚大学伯克利分校数学系博士生试题谈起 | 2014—01 | | 297 |
| 拉格朗日中值定理——从一道北京高考试题的解法谈起 | 2014—01 | | 298 |
| 拉姆塞定理——从王诗宬院士的一个问题谈起 | 2014—01 | | 299 |
| 坐标法 | 2013—12 | 28.00 | 332 |
| 数论三角形 | 2014—04 | 38.00 | 341 |
| 中等数学英语阅读文选 | 2006—12 | 38.00 | 13 |
| 统计学专业英语 | 2007—03 | 28.00 | 16 |
| 统计学专业英语(第二版) | 2012—07 | 48.00 | 176 |
| 幻方和魔方(第一卷) | 2012—05 | 68.00 | 173 |
| 尘封的经典——初等数学经典文献选读(第一卷) | 2012—07 | 48.00 | 205 |
| 尘封的经典——初等数学经典文献选读(第二卷) | 2012—07 | 38.00 | 206 |
| 实变函数论 | 2012—06 | 78.00 | 181 |
| 非光滑优化及其变分分析 | 2014—01 | 48.00 | 230 |
| 疏散的马尔科夫链 | 2014—01 | 58.00 | 266 |
| 初等微分拓扑学 | 2012—07 | 18.00 | 182 |
| 方程式论 | 2011—03 | 38.00 | 105 |
| 初级方程式论 | 2011—03 | 28.00 | 106 |
| Galois理论 | 2011—03 | 18.00 | 107 |
| 古典数学难题与伽罗瓦理论 | 2012—11 | 58.00 | 223 |
| 伽罗华与群论 | 2014—01 | 28.00 | 290 |
| 代数方程的根式解及伽罗瓦理论 | 2011—03 | 28.00 | 108 |
| 线性偏微分方程讲义 | 2011—03 | 18.00 | 110 |
| N体问题的周期解 | 2011—03 | 28.00 | 111 |
| 代数方程式论 | 2011—05 | 18.00 | 121 |
| 动力系统的不变量与函数方程 | 2011—07 | 48.00 | 137 |
| 基于短语评价的翻译知识获取 | 2012—02 | 48.00 | 168 |
| 应用随机过程 | 2012—04 | 48.00 | 187 |
| 概率论导引 | 2012—04 | 18.00 | 179 |
| 矩阵论(上) | 2013—06 | 58.00 | 250 |
| 矩阵论(下) | 2013—06 | 48.00 | 251 |

# 哈尔滨工业大学出版社刘培杰数学工作室
## 已出版(即将出版)图书目录

| 书　名 | 出版时间 | 定　价 | 编号 |
|---|---|---|---|
| 抽象代数:方法导引 | 2013—06 | 38.00 | 257 |
| 闵嗣鹤文集 | 2011—03 | 98.00 | 102 |
| 吴从炘数学活动三十年(1951～1980) | 2010—07 | 99.00 | 32 |
| 吴振奎高等数学解题真经(概率统计卷) | 2012—01 | 38.00 | 149 |
| 吴振奎高等数学解题真经(微积分卷) | 2012—01 | 68.00 | 150 |
| 吴振奎高等数学解题真经(线性代数卷) | 2012—01 | 58.00 | 151 |
| 高等数学解题全攻略(上卷) | 2013—06 | 58.00 | 252 |
| 高等数学解题全攻略(下卷) | 2013—06 | 58.00 | 253 |
| 高等数学复习纲要 | 2014—01 | 18.00 | 384 |
| 钱昌本教你快乐学数学(上) | 2011—12 | 48.00 | 155 |
| 钱昌本教你快乐学数学(下) | 2012—03 | 58.00 | 171 |
| 数贝偶拾——高考数学题研究 | 2014—04 | 28.00 | 274 |
| 数贝偶拾——初等数学研究 | 2014—04 | 38.00 | 275 |
| 数贝偶拾——奥数题研究 | 2014—04 | 48.00 | 276 |
| 集合、函数与方程 | 2014—01 | 28.00 | 300 |
| 数列与不等式 | 2014—01 | 38.00 | 301 |
| 三角与平面向量 | 2014—01 | 28.00 | 302 |
| 平面解析几何 | 2014—01 | 38.00 | 303 |
| 立体几何与组合 | 2014—01 | 28.00 | 304 |
| 极限与导数、数学归纳法 | 2014—01 | 38.00 | 305 |
| 趣味数学 | 2014—03 | 28.00 | 306 |
| 教材教法 | 2014—04 | 68.00 | 307 |
| 自主招生 | 2014—05 | 58.00 | 308 |
| 高考压轴题(上) | 即将出版 |  | 309 |
| 高考压轴题(下) | 即将出版 |  | 310 |
| 从费马到怀尔斯——费马大定理的历史 | 2013—10 | 198.00 | Ⅰ |
| 从庞加莱到佩雷尔曼——庞加莱猜想的历史 | 2013—10 | 298.00 | Ⅱ |
| 从切比雪夫到爱尔特希(上)——素数定理的初等证明 | 2013—07 | 48.00 | Ⅲ |
| 从切比雪夫到爱尔特希(下)——素数定理100年 | 2012—12 | 98.00 | Ⅲ |
| 从高斯到盖尔方特——虚二次域的高斯猜想 | 2013—10 | 198.00 | Ⅳ |
| 从库默尔到朗兰兹——朗兰兹猜想的历史 | 2014—01 | 98.00 | Ⅴ |
| 从比勃巴赫到德布朗斯——比勃巴赫猜想的历史 | 2014—02 | 298.00 | Ⅵ |
| 从麦比乌斯到陈省身——麦比乌斯变换与麦比乌斯带 | 2014—02 | 298.00 | Ⅶ |
| 从布尔到豪斯道夫——布尔方程与格论漫谈 | 2013—10 | 198.00 | Ⅷ |
| 从开普勒到阿诺德——三体问题的历史 | 2014—05 | 298.00 | Ⅸ |
| 从华林到华罗庚——华林问题的历史 | 2013—10 | 298.00 | Ⅹ |

# 哈尔滨工业大学出版社刘培杰数学工作室已出版(即将出版)图书目录

| 书 名 | 出版时间 | 定 价 | 编号 |
|---|---|---|---|
| 三角函数 | 2014—01 | 38.00 | 311 |
| 不等式 | 2014—01 | 28.00 | 312 |
| 方程 | 2014—01 | 28.00 | 314 |
| 数列 | 2014—01 | 38.00 | 313 |
| 排列和组合 | 2014—01 | 28.00 | 315 |
| 极限与导数 | 2014—01 | 28.00 | 316 |
| 向量 | 2014—01 | 38.00 | 317 |
| 复数及其应用 | 2014—01 | 28.00 | 318 |
| 函数 | 2014—01 | 38.00 | 319 |
| 集合 | 即将出版 | | 320 |
| 直线与平面 | 2014—01 | 28.00 | 321 |
| 立体几何 | 2014—04 | 28.00 | 322 |
| 解三角形 | 即将出版 | | 323 |
| 直线与圆 | 2014—01 | 18.00 | 324 |
| 圆锥曲线 | 2014—01 | 38.00 | 325 |
| 解题通法(一) | 2014—01 | 38.00 | 326 |
| 解题通法(二) | 2014—01 | 38.00 | 327 |
| 解题通法(三) | 2014—05 | 38.00 | 328 |
| 概率与统计 | 2014—01 | 28.00 | 329 |
| 信息迁移与算法 | 即将出版 | | 330 |
| 第19~23届"希望杯"全国数学邀请赛试题审题要津详细评注(初一版) | 2014—03 | 28.00 | 333 |
| 第19~23届"希望杯"全国数学邀请赛试题审题要津详细评注(初二、初三版) | 2014—03 | 38.00 | 334 |
| 第19~23届"希望杯"全国数学邀请赛试题审题要津详细评注(高一版) | 2014—03 | 28.00 | 335 |
| 第19~23届"希望杯"全国数学邀请赛试题审题要津详细评注(高二版) | 2014—03 | 38.00 | 336 |
| 物理奥林匹克竞赛大题典——力学卷 | 即将出版 | | |
| 物理奥林匹克竞赛大题典——热学卷 | 2014—04 | 28.00 | 339 |
| 物理奥林匹克竞赛大题典——电磁学卷 | 即将出版 | | |
| 物理奥林匹克竞赛大题典——光学与近代物理卷 | 2014—06 | 28.00 | |

联系地址:哈尔滨市南岗区复华四道街10号　哈尔滨工业大学出版社刘培杰数学工作室
网　　址:http://lpj.hit.edu.cn/
邮　　编:150006
联系电话:0451—86281378　　13904613167
E-mail:lpj1378@163.com